中国棉花
雹灾风险评价
与保险费率分区研究

赵金涛 ◎ 著

中国农业科学技术出版社

图书在版编目（CIP）数据

中国棉花雹灾风险评价与保险费率分区研究 / 赵金涛著. -- 北京：中国农业科学技术出版社，2024.3
ISBN 978-7-5116-6726-7

Ⅰ.①中… Ⅱ.①赵… Ⅲ.①棉花—雹灾—风险评价—研究—中国 ②棉花—雹灾—灾害保险—保险费率—研究—中国 Ⅳ.① S427 ② F842.64

中国国家版本馆 CIP 数据核字（2024）第 056888 号

审图号：GS 京（2024）0738

责任编辑	周丽丽　李　华
责任校对	李向荣
责任印制	姜义伟　王思文

出 版 者	中国农业科学技术出版社
	北京市中关村南大街 12 号　邮编：100081
电　　话	（010）82106638（编辑室）　（010）82106624（发行部）
	（010）82109709（读者服务部）
网　　址	https://castp.caas.cn
经 销 者	各地新华书店
印 刷 者	北京建宏印刷有限公司
开　　本	170 mm × 240 mm　1/16
印　　张	11.75　彩插 22 面
字　　数	150 千字
版　　次	2024 年 3 月第 1 版　2024 年 3 月第 1 次印刷
定　　价	80.00 元

◆━━ 版权所有·侵权必究 ━━◆

内容简介

本书在县域基本地理单元的基础上，收集整理了1949—2009年中国60年的雹灾历史案例，构建了中国雹灾案例数据库，在灾害系统理论、地学信息图谱理论、地域分异理论及统计推断理论的指导下，运用图谱分析方法、经验正交函数分解法、自然雹灾观测法及雹灾模拟试验法，采用GIS技术、数据库统计技术，分析了中国雹灾时空分布规律。以棉花为承灾体，拟合了棉花各生育期雹灾脆弱性曲线，计算了棉花全期和不同生育期的雹灾风险水平，厘定了中国各县棉花雹灾保险费率，在县域差异费率的基础上，进行了棉花雹灾保险费率的分区，并针对棉花雹灾保险提出了政府、保险公司、农户三方共赢的对策和建议。

前言

随着社会经济的发展，自然灾害给人类造成的损失越来越大，评估人们面临各种灾害的风险以及如何规避风险是当前灾害学面临的主要科学问题，灾害风险评价已经成为灾害领域研究的热点。冰雹灾害是常见的气象灾害，对农业生产尤其是棉花生产造成严重的破坏。中国是世界上最大的棉花生产国，棉花生产在国家经济建设中特别是纺织工业中发挥着举足轻重的作用，棉花生产安全一直以来受到重视。中国雹灾发生频繁，雹灾对棉花安全生产构成了严重的威胁，开展棉花雹灾保险业务成为减灾的重要途径之一，我国幅员辽阔，冰雹灾害区域差异显著，实行棉花雹灾保险产品区域差异费率势在必行。因此，科学认识雹灾发生的时空分布特点，开展棉花雹灾风险评价的研究，在县域单元水平上，厘定棉花雹灾保险费率对棉花生产安全及棉花保险业务的可持续发展具有重要意义。

本书以县域为基本单元，收集整理了中国1949—2009年的雹灾历史案例，构建了中国雹灾案例数据库，在灾害系统理论、地学信息图谱理论、地域分异理论及统计推断理论的指导下，运用图谱分析方法、经验正交函数分解法、自然雹灾观测法及雹灾模拟试验法，采用GIS技术、数据库统计技术，编制了一系列图谱，分析了中国雹灾时空分布规律，拟合了棉花苗期、蕾期、铃期和吐絮期4条雹灾脆弱性曲线，计算了棉花全期和不同生育期的雹灾风险水平，厘定了中国各县棉花雹灾保险费率，在县域差异费率的基础上，进行了棉花雹灾保险费率的分区，并针对棉花雹灾保险提出了政府、保险公司、农户三方共赢的对策和建议。

本书的基本观点是：冰雹灾害等级的划分应综合考虑冰雹大小、持续时间、积雹厚度3个指标，根据灾情描述中的人畜伤亡、绝收面积和经济损失等指标进行分级。经过统计，我国轻雹灾占雹灾总数的40.96%，中雹灾占30.1%，重雹灾占19.57%，特重雹灾占9.36%。中国雹灾呈现出两带多中心的空间分布格局，东北到西南一线是中国的主要降雹带，西南到东南一线是中国的次要雹灾多发带，雹灾的频发中心主要有黄土高原、环渤海、东北平原、云贵高原、江淮平原、淮河平原、河西走廊、伊犁地区及新疆阿克苏等地区。棉花生长期内，铃期雹灾风险最大，是重点防范期。风险较高的区域有山西高原、新疆阿克苏地区、环渤海地区、四川盆地北部、云贵高原和黄淮平原，这些地区是雹灾重点防范区。全国大部分区县的棉花雹灾纯费率值在0.03~0.1，占46.6%。以纯费率值为主要指标，编制了中国棉花雹灾保险费率区划图，区划分为2个一级费率区，7个二级费率区，23个三级费率区，区划结果在保险领域及防灾减灾工作中有重要的应用价值。

全书共分5章。第1章阐述了研究背景、相关概念和理论基础，展示了本书的总体研究框架；第2章阐述了中国冰雹灾害数据库的建设方法，对数据库中的冰雹大小、持续时间、积雹厚度、人畜伤亡、绝收面积等致灾指标及灾情指标进行了统计分析，对案例中涉及的承灾体信息进行了归纳总结；第3章分析了我国雹灾的空间分布特征、逐月空间动态变化特点及其年际变化、季变化和日变化规律；第4章确定了冰雹灾害强度分类系统标准，阐述了自然雹灾野外观测方法、人工控制棉花雹灾试验方法及脆弱性曲线的拟合方法，对中国棉花不同生育期雹灾风险进行了评价；第5章阐述了中国棉花雹灾保险费率厘定及分区的方法，绘制了中国棉花雹灾保险费率分布图、区划图，构建了"农户+政府+保险人"三方共赢的风险防范体系。

本书是基于作者的博士论文撰写完成的。在博士论文撰写过程中得到公益性行业（气象）科研专项经费项目课题"全球变化背景下中国气象灾害风险区划研究"（GYHY200906019）、国家科技支撑计划项目"综合风险防范技术集成平台研究——冰雹灾害数据库建立及冰雹灾害风险图编制（1：100万）"（2006BAD20B03）、地表过程与资源生态国家重点实验室开放基金资助项目"基于人工控制雹灾的棉花脆弱性机理试验研究"（2009-KF-06）的资助，论文在北京师范大学区域地理研究实验室完成。在本书撰写过程中，得到国家自然科学基金面上项目"棉花雹灾脆弱性分析与风险评估研究"（41271515）、国家自然科学基金面上项目"气候变化下华北平原麦玉轮作系统复合干—热事件风险评估与适应研究"（424755177）、河北省省属高等学校基本科研业务费研究项目"乡村振兴研究团队"（JYT202402）、"2024年度廊坊师范学院学术著作出版项目"（XCB202402）的资助。由于棉花雹灾风险评价、保险费率厘定及分区的复杂性，加之作者水平有限，书中可能会存在一些不足和错误之处，恳请各位同行和读者批评指正。

本书的出版，首先要感谢的是我的博士导师，北京师范大学地理学与遥感科学学院教授王静爱先生，没有老师的悉心指导，我的博士论文难以完成，老师严谨的治学态度，执着的科研精神，值得我永远学习；感谢北京师范大学地理学与遥感科学学院岳耀杰老师，书中关于人工雹灾试验部分的内容，得到了岳老师的支持，我们一起在燕郊棉田基地开展模拟棉花雹灾试验的场景历历在目；感谢北京师范大学减灾与应急管理研究院的张化老师、北京联合大学师范学院的尹圆圆老师在黄骅实验基地开展自然雹灾观测时给予的支持和帮助；最后要感谢中国农业科学技术出版社的周丽丽老师、李华老师，是她们辛苦的付出，此书才得以顺利出版。

作　者

2024年2月18日

目 录
contents

第1章 绪 论 ······ 1
  1.1 研究背景与意义 ······ 1
    1.1.1 气象灾害繁多，冰雹灾害频发 ······ 1
    1.1.2 种植业保险发展迅速，进行分区保险费率的厘定势在必行 ··· 3
    1.1.3 灾害风险评估成为灾害研究的热点 ······ 4
  1.2 基本概念界定 ······ 5
    1.2.1 冰雹灾害系统 ······ 5
    1.2.2 冰雹灾害风险评价 ······ 7
    1.2.3 种植业保险分区 ······ 10
    1.2.4 灾害、风险和保险之间的关系 ······ 12
  1.3 冰雹灾害时空分布规律研究进展 ······ 13
  1.4 冰雹灾害风险研究进展 ······ 15
    1.4.1 冰雹致灾因子危险性研究进展 ······ 15
    1.4.2 冰雹灾害承灾体脆弱性曲线研究进展 ······ 16
    1.4.3 雹灾风险评价研究进展 ······ 17
  1.5 种植业保险区划研究进展 ······ 18
  1.6 理论基础 ······ 20
    1.6.1 灾害系统理论 ······ 20
    1.6.2 地域分异理论 ······ 22
    1.6.3 地学信息图谱理论 ······ 22

  1.6.4 统计推断理论 ··· 23
 1.7 研究框架 ··· 24

第2章 中国冰雹灾害数据库的建设与统计分析 ················ 26

 2.1 中国棉花雹灾风险评价数据库系统 ····························· 26
 2.2 中国冰雹灾害案例数据库的建设 ······························· 27
  2.2.1 冰雹灾害案例的资料来源 ································· 27
  2.2.2 冰雹灾害案例数据库的指标体系构建 ····················· 29
  2.2.3 雹灾案例指标分析 ··· 33
 2.3 制图规范 ··· 44
  2.3.1 制图设计的基本原则 ····································· 44
  2.3.2 地图表示方法 ··· 45
 2.4 本章小结 ··· 45

第3章 中国冰雹灾害时空格局分析 ····························· 47

 3.1 中国雹灾典型场分析 ··· 47
  3.1.1 经验正交函数（EOF）的原理与算法 ····················· 47
  3.1.2 结果分析 ··· 50
 3.2 年际变化 ··· 55
  3.2.1 时间变化 ··· 56
  3.2.2 分省雹灾年际变化 ··· 57
  3.2.3 空间变化 ··· 61
 3.3 季变化分析 ··· 64
  3.3.1 时间变化 ··· 64
  3.3.2 空间变化 ··· 69
 3.4 日变化分析 ··· 71
 3.5 本章小结 ··· 74

第4章 中国棉花不同生育期雹灾风险评价 ……… 76
4.1 棉花雹灾风险评价方法 ……… 76
4.2 冰雹致灾强度指数的确定 ……… 77
4.2.1 冰雹灾害分类系统 ……… 78
4.2.2 冰雹致灾强度指数赋值方法 ……… 84
4.2.3 致灾因子危险性分析 ……… 89
4.3 棉花不同生育期雹灾脆弱性曲线的确定 ……… 89
4.3.1 棉花生育期的划分 ……… 89
4.3.2 自然雹灾野外观测 ……… 92
4.3.3 人工雹灾模拟试验 ……… 100
4.3.4 棉花历史雹灾案例损失率赋值 ……… 104
4.3.5 棉花雹灾损失脆弱性曲线拟合 ……… 105
4.4 棉花雹灾风险评价 ……… 107
4.4.1 棉区的划分 ……… 107
4.4.2 棉花雹灾风险计算模型 ……… 109
4.4.3 固定损失算概率风险 ……… 111
4.4.4 固定概率算损失风险 ……… 117
4.5 本章小结 ……… 122

第5章 中国棉花雹灾保险费率厘定与分区 ……… 124
5.1 中国县域单元棉花雹灾保险费率的厘定 ……… 124
5.1.1 保险费率的构成 ……… 124
5.1.2 模型与方法 ……… 125
5.1.3 棉花雹灾保险费率厘定 ……… 127
5.2 中国棉花雹灾费率分区 ……… 133
5.2.1 分区理论与原则 ……… 134
5.2.2 费率分区方法 ……… 134
5.2.3 费率分区结果 ……… 134

5.3 棉花雹灾保险对策及建议 ·· 136
　　　　5.3.1 构建"农户+政府+保险人"三方共赢的风险防范体系 ······ 136
　　　　5.3.2 加强棉花保险的科技支撑 ·· 138
　　　　5.3.3 开发棉花雹灾指数保险产品 ······································· 139
　　　　5.3.4 提高保障水平，激发农户投保的积极性 ························ 140
　　5.4 本章小结 ··· 141

参考文献 ·· 143

彩图 ·· 155

附图　自然雹灾观测和人工控制试验 ·· 173

第1章 绪　论

1.1　研究背景与意义

1.1.1　气象灾害繁多，冰雹灾害频发

中国是世界上自然灾害种类最多的国家之一，主要有气象灾害、地质灾害、天文灾害、生物灾害等，在气象灾害中，干旱、洪涝、低温冷害、霜冻、冰雹、高温等频繁发生，对国民经济特别是农业生产造成严重的不利影响（王春乙，2007）。据统计，气象灾害所造成的经济损失占所有自然灾害的70%以上（黄荣辉，2005）。近年来，随着经济的快速发展，各种气象灾害发生的频率和造成的经济损失呈上升趋势。据民政部统计，农作物年均受灾面积和绝收面积分别为4 655.3万hm^2、621.44万hm^2，分别占全国农作物播种面积的29.69%和3.93%。由于我国农业气象灾害防御技术水平及其调控能力有限，气象灾害成为制约种植业持续发展的重要障碍。我国种植业生产的基础设施薄弱，抗灾能力差，对气象环境的依赖性很大，尚未摆脱靠天吃饭的局面。气象灾害的发生，尤其是遭到巨灾时，农作物大幅度减产，这不仅影响农民的经济收入，还会给国民经济秩序造成强力的冲击，其影响会波及工业、商业、外贸和金融等一系列经济部门，甚至威胁国家的粮食安全（袁泉，2005）。

在气象灾害中，冰雹灾害虽然持续时间短，影响范围小，但突发性强，破坏性大（王静爱，1999），给人们的生命财产安全带来了极大的损失，是一种严重的气象灾害。如2005年5月30—31日，陕西省有21个县（市、区）遭受大风、冰雹的袭击。其中，旬邑县雹粒最大直径达60 mm，风力最大达9级（风速20 m/s），导致直径40~60 cm的大树连根拔起，苹果树枝被打

断，树皮被打烂，树叶、果实、套袋被打落近60%，苹果单果受伤达10多处，烤烟叶片打烂，生长点打坏；玉米叶打成丝缕状，玉米秆被打折，地膜成网状；小麦倒伏或被打折成光秆，籽粒脱落；民房及学校校舍屋顶瓦片被打烂，门窗玻璃被打碎；停靠在室外的汽车玻璃被打碎，车辆外布满小坑；部分输电线路被打断，供电中断。全省受灾人口113万人；农作物受灾面积10.5万hm^2，成灾面积2.9万hm^2，绝收面积2.6万hm^2；房屋倒塌130间，损坏房屋2.6万间；直接经济损失8亿多元（气象灾害大典，陕西卷）。

据《中国气象灾害年鉴》统计，中国雹灾非常严重，平均每年遭受雹灾的面积约$2×10^6 hm^2$。近些年来，尽管降雹次数较20世纪70—80年代有所减少，但因雹灾引起的损失不断增加。2023年，全国共出现33次强对流天气过程，共有1 100余个县（市、区）遭受风雹灾害影响，广泛分散在华北、黄淮、西北、西南等地，风雹灾害共造成605.3万人次不同程度受灾，因灾死亡57人，农作物受灾面积117.45万hm^2，直接经济损失117.3亿元（国家防灾减灾救灾委员会办公室应急管理部，发布2023年全国自然灾害基本情况）。

随着农业生产经济价值的不断增长，雹灾引起的损失也在不断增加。在农作物中，尤以棉花对雹灾最为敏感。冰雹对棉花的破坏力很大，它可以打烂棉叶、打折枝茎、打坏生长点、打落棉铃，甚至造成棉花绝收。我国的黄河流域棉区、长江流域棉区和新疆棉区三大棉花种植区恰是冰雹灾害的频发区，棉花生长期正是雹灾多发期，因此，在我国棉花极易遭受冰雹灾害而造成减产。2010年6月21日17时，河北黄骅发生严重的冰雹灾害，冰雹大小如鸡蛋黄，持续时间约16 min，覆盖厚度8 cm，棉花被打成光秆，大面积绝收。2016年6月24日17时，新疆沙雅县遭遇冰雹灾害，冰雹如鸽子蛋大小，持续20 min，棉花被打掉棉头和棉叶，部分被打成了光秆，受灾严重甚至绝收。

中国植棉历史悠久，棉花是我国重要的经济作物，据国家统计局统计，2023年全国棉花播种面积4 182.2万亩[①]，全国棉花总产量561.8万t。中国棉花产量占世界棉花总产量的1/5以上，中国的纺织工业在世界上具有重要的地位。因此，关注和研究冰雹对棉花的损失风险对中国棉花安全生产和相关产业的可持续发展具有重要意义。

---

① 1亩≈667 m^2；15亩=1 hm^2。全书同。

1.1.2 种植业保险发展迅速，进行分区保险费率的厘定势在必行

在防灾减灾方面，长期以来人们一直在努力探索各种抗御灾害的技术与方法，其中，农业灾害保险是一种切实可行的减灾措施。近些年来，我国政策性农业保险发展较快。2003年，党的十六届三中全会通过《中共中央关于完善社会主义市场经济体制若干问题的决定》，文件中明确提出"探索建立政策性农业保险制度"，我国政策性农业保险试验开始拉开帷幕。2007年中央一号文件明确指出，要"按照政府引导、政策支持、市场运作、农民自愿的原则，建立完善农业保险体系"，并提出扩大政策性农业保险试点，并明确提出"各级财政对农户参加农业保险给予保费补贴"。2007年，中央财政列支10亿元，选定小麦、水稻、玉米、大豆、棉花5种农作物在内蒙古、吉林、湖南、江苏、新疆和四川6个省区开始实行农业保险保费补贴试点。2008年，国家支持力度进一步加大，农业保险的覆盖面进一步扩大，新增10个保险试点省区，包括黑龙江、辽宁、河北、山东、安徽、河南、浙江、福建、海南和新疆生产建设兵团。保险补贴试点覆盖了16个省区，粮食主产区全部被纳入到试点范围。2009年，中央财政对玉米、小麦、水稻、棉花和油料作物5个品种加大了保险补贴力度，增加了对江西省的补贴，保费补贴地区增加到17个省区。2009年、2010年、2012年的中央一号文件不断提出总结试点经验，稳步扩大试点范围，增加险种、扩大覆盖面等。2012年11月，在总结6年试点经验的基础上，国务院颁布了《农业保险条例》。2019年中央一号文件提出"推进稻谷、小麦、玉米完全成本保险和收入保险试点"，加快建立多层次农业保险体系。2019年9月，经过中央全面深化改革委员会的批准，财政部、农业农村部、银保监会和林草局四部门联合发布了《关于加快农业保险高质量发展的指导意见》，提出了2022年和2030年的发展目标和高质量发展农业保险的若干指导意见，即要适应农业农村现代化发展和乡村振兴的需要，适应农户需求，提高保障水平且可持续发展。

全国农业保险保费收入规模持续提升，我国农业保险业务规模已居世界前列。2007—2023年，农业保险保费收入从51.8亿元增长到1 429.66亿元；提供风险保障从1 126亿元增长到4.98万亿元；服务农户从4 981万户次增长到1.64亿户次。随着我国政策性种植业保险的快速发展，保险公司对不同区域的费率厘定需求日益凸显。有些保险产品的费率制定没有考虑到灾害的

区域差异性，全省采取同一个费率，不够合理。农业保险费率是否合理，直接关系农民的切身利益，进一步影响保险业务的开展，从而影响农业灾害的减灾问题。因此，进行分区保险费率的厘定是当前保险界急需解决的科学问题，开展此项研究势在必行，研究结果对中国种植业保险持续健康的发展具有十分重要的意义。

1.1.3 灾害风险评估成为灾害研究的热点

1991年，联合国"国际减灾十年"（IDNDR）科技委员会在《国际减轻自然灾害十年的灾害预防、减少、减轻和环境保护纲要方案与目标》中重点强调了灾害评估。此次会议引起了世界科学工作者的重视，包括气象灾害在内的灾害评价得到了迅速的发展。1999年，"国际减灾十年"科学与技术委员会活动的总结报告中，列出了21世纪国际减灾界面临的5个挑战性领域，其中与灾害问题密切相关的有3个，一是综合风险管理与整体脆弱性降低；二是资源与环境脆弱性；三是发展中国家的防灾能力（IDNDR）。2005年，世界减灾大会在日本神户举行，168个国家正式通过了《兵库行动框架》，所有国家承诺尽最大努力在2015年之前降低其灾害风险。全球多家科学研究和技术机构开展了全球灾害风险分析研究，掀起了灾害风险评价领域研究的热潮。此后，关于灾害风险的国际会议和论坛逐渐增多。如2005年第2届世界减灾大会提出"与灾害共存和未来灾害风险"，2006年国际第6届IIASA-DPRI综合灾害风险管理论坛，同年瑞士达沃斯国际减灾会议"促进区域可持续发展与减轻灾害风险"，2007年中国哈尔滨国际减灾大会的"灾害风险管理和灾害应急体制建设"，2008年达沃斯世界风险论坛和2009年中国成都国际灾害风险大会"能力建设是综合灾害风险管理和可持续发展的关键"，2010年第3届达沃斯世界风险论坛"风险、灾害、危机以及全球变化——从威胁到机遇"，到2024年灾害风险综合研究（IRDR）国际会议的主题"科学促进包容、安全和可持续的世界：IRDR全球机构的行动"等，可见灾害风险及其相关问题的研究已成为当前国际减灾领域的重要研究前沿。

在国内，2007年11月1日实施的《中华人民共和国突发事件应对法》明确规定，国家建立重大突发事件风险评估体系，对可能发生的突发事件进行综合性评估，减少重大突发事件的发生，最大限度地减轻重大突发事件的影响。2008年11月，国家自然科学基金委公布了"巨灾风险防范——IHDP-IRG核心科学计划案例研究"，这是该领域首个由中国发起的国际组织合作项目。"十四五"国家综合防灾减灾规划的分项规划目标指出，建成分类型、分区域的国家自然灾害综合风险基础数据库，编制国家、省、市、县级自然灾害综合风险图和防治区划图，国家灾害综合风险评估能力大幅提升。加强规划协同，将安全和韧性、灾害风险评估等纳入国土空间规划编制要求，划示灾害风险区，已列入国家规划之中。为适应国家建设的需要，越来越多的学者开始进入风险分析研究领域，开展风险评估工作。同世界各国的情况一样，风险评估成为人们关注的焦点之一，灾害风险评价领域的研究成为当前灾害科学研究的热点，在这样的背景下，开展棉花冰雹灾害风险评价属于灾害研究前沿热点，符合国家和国际的需要。

本书以棉花作为承灾体，选择冰雹这一灾害类型，以县域为基本地理单元，对中国棉花雹灾风险进行了评价，同时对各县的棉花雹灾保险费率进行了厘定，在县域差异费率的基础上，进行了棉花雹灾保险费率的分区。本书紧跟研究热点和前沿科学问题，丰富了冰雹灾害风险研究的理论和方法，为冰雹灾害风险研究提供了思路；研究结果为合理制定棉花雹灾保险费率提供了科学依据，在种植业保险领域具有重要的应用价值，对我国棉花安全稳定生产具有重要的意义。

1.2 基本概念界定

1.2.1 冰雹灾害系统

1.2.1.1 冰雹（Hail）

一种固态降水物。系圆球形或圆锥形的冰块，由透明层和不透明层相间组成。直径一般为5~50 mm，大的时可达10 cm以上，又称雹或雹块。另外，"冰雹"一词的含义有时还包括"小冰雹""冰粒"和"霰"等，其直径一般小于5 mm（雷雨顺，1978）。

1.2.1.2 冰雹灾害（Hail disaster）

"冰雹灾害"与"冰雹"是两个不同的概念。张养才（1991）认为冰雹灾害是一种局地性强、季节明显、来势急、持续时间短，以砸伤为主的一种气象灾害；范宝俊（1999）认为冰雹灾害是从发展强盛的高大积雨云中落到地面的固体降水物所造成的灾害；顾钧禧等（1994）认为雹灾是降雹给农业生产造成的灾害。因此，冰雹灾害是一种气象灾害，主要是一种农业气象灾害。对农业生产危害的轻重，不仅取决于降雹强度、持续时间、雹粒大小、雹块下落速度，还取决于作物种类、品种、所处生育期和暴露范围。

1.2.1.3 灾害系统（Disaster system）

每一种灾害都不是孤立的，各种灾害常常在某一地区或某一时段集中形成灾害群；许多强度大的灾害特别是巨灾，常常诱发或引起连串的次生灾害、衍生灾害，形成灾害链；灾害群与灾害链交织在一起构成了灾害系统。灾害的发生与太阳的活动、地球的运动及相关联的各圈层物质的同步变异和相互影响有关，灾害系统影响到人口的增长、环境的变化、资源的开发和社会经济的发展。可以说，灾害系统是地球系统的变异与社会系统变化之间发生激变的一种反映，也可以说灾害系统是天—地—人—社会巨系统的一个子系统，而自然灾害、人为灾害等又是这个子系统下层次更低的子系统。因此，应该把所有灾害看成一个相互联系、相互影响的灾害系统整体，应用系统科学理论和方法研究整个灾害系统的成因和机制，才能正确掌握各个灾种的发生、发展规律。目前，通常认为（区域）灾害系统是由孕灾环境、致灾因子和承灾体三者共同组成的地球表层变异系统，灾情是这个系统中各子系统相互作用的产物（史培军，1991）。灾害的轻重取决于孕灾环境的稳定性、致灾因子的危险性及承灾体的脆弱性，灾情是由上述相互作用的3个因素共同决定的。

1.2.1.4 冰雹灾害系统（Hail disaster system）

从区域自然灾害系统角度理解（史培军，1996），冰雹灾害系统由冰雹的孕灾环境、致灾因子、承灾体和雹灾灾情四部分构成，冰雹灾害大小由致灾强度、承灾体脆弱性、防灾减灾力度等因素共同决定。冰雹灾害系统见

图1-1，受下垫面性质和地形的影响，在特殊的自然环境条件下容易产生冰雹天气，在人工影响天气失败的情况下，冰雹发生，受承灾体和降雹强度的共同作用，冰雹灾情出现，农业保险成为减轻雹灾损失的主要手段，从冰雹防灾、孕灾、致灾、承灾、灾情到减灾，构成了一个完整的冰雹灾害系统。

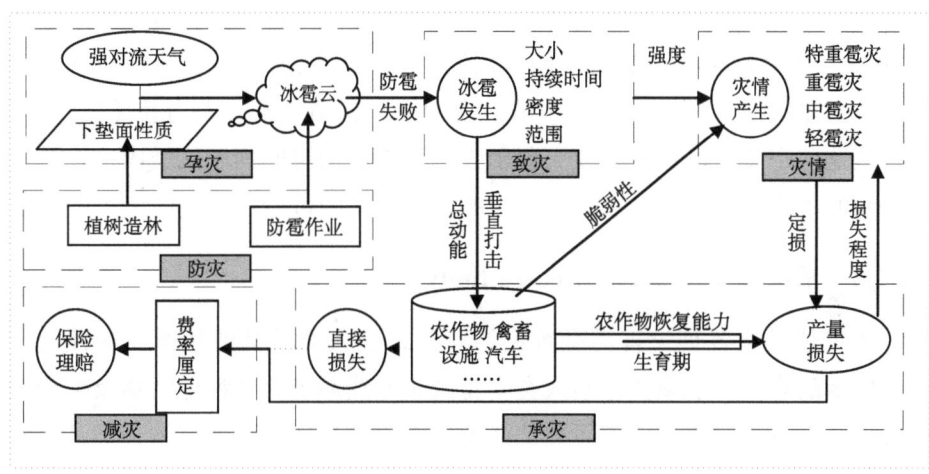

图1-1 冰雹灾害系统

1.2.2 冰雹灾害风险评价

冰雹灾害风险评价研究涉及许多相关的概念，在进行深入研究之前，有必要对这些概念进行界定，进一步明确其内涵及相互关系。

1.2.2.1 孕灾环境（Environment of developing hazards）

孕灾环境是由大气圈、岩石圈、水圈、生物圈、人类活动圈所组成的地球表层综合环境，但不是这些圈层要素的简单叠加，而是体现在地表过程中一系列具有耗散特性的物质循环和能量流动及信息与价值流动的非线性、即过程—响应关系。从广义角度看，孕灾环境的稳定性是标定区域孕灾环境的定量指标。地球表层的孕灾环境对灾害系统的复杂程度、强度、灾情程度以及灾害系统的群聚与群发特征起着决定性的作用。

1.2.2.2 致灾因子（Hazard）

致灾因子是指可能造成财产损失、人员伤亡、资源与环境破坏、社会系统紊乱等孕灾环境中的异变因子。联合国教科文组织对致灾因子是这样定义的，致灾因子是某一灾难事件发生在某一个特定时间段特定区域的可能性（Unesco，1973）。联合国减灾战略给出的定义认为致灾因子是一种可以引起生命伤亡、财产损失、社会和经济混乱、环境退化的潜在破坏性的自然事件、自然现象或者人类活动（UN/ISDR，2004）。国内学者史培军（2002）认为致灾因子是指可能造成财产损失、人员伤亡、资源与环境破坏、社会系统混乱等孕灾环境中的异变因子，包括自然、人为和环境3个系统。从这些定义可以看出，致灾因子强调的是在给定时间和区域内一个具有威胁性的事件，或一个造成潜在损失的现象发生的可能性。

1.2.2.3 承灾体（Hazard-affected body）

承灾体是指各种灾害类型致灾的对象，是人类及其活动所在的社会与各种资源的集合。承载体包括人类本身及生命线系统、各种建筑物及生产线系统以及各种自然资源。本研究选择的致灾因子是冰雹，承灾体是经济作物棉花。

1.2.2.4 暴露性（Exposure）

暴露性概念来自国外，慕尼黑再保险公司认为暴露性是一种损失可能性的程度，是计算保险或再保险保费的基础（MunichRe，2002）。Blanchard（2005）认为暴露性是描述可能遭受致灾因子打击的财产的价值、基础设施类型和人口的数量的物理量。有学者认为暴露性是指一个系统接触或遭受扰乱的程度、持续时间和范围（Adger，2006；Kasperson et al.，2005）。从这些定义可以看出，暴露性强调的是暴露于致灾因子的生命体、财产和社会环境的经济价值。

1.2.2.5 脆弱性（Vulnerability）

脆弱性指承灾体对致灾因子的破坏和伤害反应的敏感性，被认为是衡量损失和受损程度的标准（UNDRO，1982）。此后，学者们又相继提出新的脆弱性理解。Blaikie（1994）提出脆弱性是个人、家庭或人群对自然灾害的预见、应对、抗御，并从自然灾害影响中恢复的能力，而这是由他们所处的社会环境或自然环境的多种因素共同决定的。IPCC（2001）认为脆弱性是指系统易受或没有能力应对气候变化，包括气候变率和极端气候事件不利影响的程度，脆弱性是一个系统所面对的气候变率特征、变化幅度和变化速率以及系统的敏感性和适应能力的函数。ISDR（2002）提出脆弱性是由可以提高社会团体对灾害影响敏感性的自然、社会、经济和环境等因素共同作用而导致的一种过程或状态。UNDP（2004）提出脆弱性是由灾害影响所破坏的尺度和可能性来决定的自然、社会、经济和环境等各因素间的共同作用，而产生的一种人类社会状态或过程。联合国在其实施的减灾战略中对脆弱性的定义，认为脆弱性是增加了一个社区被灾（害）影响的易感性（可能性）的若干条件，这些条件是由自然、社会、经济以及环境的因子或过程所决定的（UN/ISDR，2004）。根据对上述脆弱性的阐述可知，虽然目前还没有一个统一的概念，但是从这些概念可以看出，脆弱性强调的是承灾体或承灾体系统受致灾因子打击时自身应对能力、抗御能力和恢复能力的一种特性。

1.2.2.6 风险（Risk）

风险的概念最早出现在西方经济学领域，现已广泛应用于环境科学、自然灾害学、经济学及建筑工程学等领域。关于风险的定义，不同行业有着不同的理解，环境问题把风险定义为未来对人类社会造成不利影响的程度，保险行业则定义为危害或损失的可能性。Wilson（1987）认为风险的本质是不确定性，风险定义为期望值，Petak（1982）等系统论述了风险分析的内容，将其概括为相互联系的3个环节：风险辨识、风险估算、风险评价。国际地科联（IUGS）滑坡研究组风险评价委员会把风险定义为对健康、财产和环境不利的事件发生的概率及可能后果的严重程度，可用发生概率与可能后果的乘积来表达，即"Risk=Probability × Consequences"（IUGS，1997）。联合国减灾战略对灾害风险给出了比较权威的定义，即"灾害风险是自然灾害或人为灾害与承灾体的脆弱性之间相互作用，而导致一种有害的结果或预料损失（生命丧失和受伤的人数、财产、生计、破坏的环境、中断的经济活动等）发生的可能性（UN/ISDR，2004）"。这个灾害风险定义里有两种关键因子，一是某种既定威胁，即灾害（Disaster）产生的可能性；二是暴露于灾害环境的承灾体对灾害的敏感度，即脆弱性（Vulnerability）。这一定义被广大的学者和机构所普遍采纳。在灾害学领域，史培军（2007）等认为灾害风险，即导致灾情或灾害产生之前，由风险源、风险承载体和防灾减灾措施三方面因素相互作用而产生的，人们不能确切把握且不愿接受的一种不确定性态势。综上所述，风险主要由以下3个因素所决定：①危险性（Hazard），即有威胁的自然事件，包括发生的概率；②暴露性（Exposure），即有威胁的自然事件发生地区所包括的财产价值、人口；③脆弱性（Vulnerability），即对破坏或毁灭力量抵御能力的缺乏性。风险评价模型可通过致灾因子、暴露性和脆弱性三者相乘获得，即"Risk=Hazard × Exposure × Vulnerability"。但是通常暴露性和脆弱性两者是紧密联系在一起的，为了方便，仍然采用"Vulnerability"来表示，最简化的形式风险表达式也可以写为"Risk=Hazard × Vulnerability"。如果把暴露性和脆弱性合并到变量C（Consequences）中来表示一个发生概率为P（Probability）的事件产生的后果，可以将风险的普遍定义化表达式写成：R（风险）=P（概率）×C（可能灾情）。

1.2.2.7 脆弱性曲线（Vulnerability curve）

脆弱性曲线也称脆弱性函数，或灾损率函数或灾损率曲线，用来衡量不同强度的各灾种与其相应损失（率）之间的关系，主要以曲线、曲面或者表格的形式表现出来。

1.2.2.8 风险评价图（Risk assessment map）

灾害风险制图既是灾害风险评估的依据，又是评估结果的直观表达。风险评价图为防灾减灾部门提供了决策依据，作为防灾减灾管理中一项重要的非工程措施，逐渐成为国内外学者关注的重点。

1.2.3 种植业保险分区

1.2.3.1 农业保险（Agricultural insurance）

在黄达等（1990年）主编的《中国金融百科全书》一书中，农业保险被定义为：对种植业、养殖业、饲养业、捕捞业在生产、哺育、成长过程中因自然灾害或意外事故所致的经济损失提供经济保障的一种保险。在王兰等（1991）编著的《农业金融名词词语汇释》一书中，农业保险被定义为：在农村地区实行以参加保险者交付的保险费建立的保险基金，用以补偿参加者因自然灾害、意外事故或个人丧失劳动力及死亡所造成的经济损失的一种经济补偿。庹国柱等（2005）主编的《农业保险》一书将农业保险定义为：农业生产者以支付小额保险费为代价，把农业生产过程中由于灾害事故造成的农业财产的损失转嫁给保险人的一种制度安排。综上，农业保险可以定义为在农业生产经营过程中，对因自然灾害或意外事故所造成的经济损失提供经济保障的一种保险形式。

1.2.3.2 保险费率（Insurance rate）

保险费率是保险人按照单位保险金额向投保人收取保险费的标准。保险费率与保险费的关系如下。

$$保险费率=保险费/保险金额$$

保险费率可以分为毛费率、纯费率和附加费率。其中，毛费率由纯费率和附加费率两部分组成。纯费率是对应于每个风险单位保额的可能损失额，在理论上它是所投保标的的保险事故而发生损失的概率。附加费率是对应于每个保险单位的保额损失变动相对于正常变动的损失和单位保额的经营费用。附加费率包括两部分：第一附加费率和第二附加费率。第一附加费率是以异常损失为基础的。风险事故的发生有一定的规律可以遵循，通过观察大量历史数据的记录，可以在一定程度上把握风险规律。然而有些风险事故的发生背离正常的损失，如果实际损失超过正常损失，那么对于保险人而言，就可能发生偿付危机。第一附加费率就是为了弥补这部分损失而准备的费用。第二附加费率是保险公司为弥补各项经营开支而准备的费用。农业保险费率一般是通过对过去一定时期风险损失计算的"总体平均"，反映的是农业生产的平均风险水平（蒋丽君，2008）。

1.2.3.3 保险费率厘定（Insurance rate determined）

费率的厘定是根据已有的数据，按照数学方法进行保险费率的计算，从而确定保险费率值的过程。保险费率在厘定过程中，应把握以下原则，以保证保险基金盈利性和稳定性的统一。

保证补偿原则，保险人按照保险费率厘定的保险费，必须足以覆盖各项赔款开支、保险金给付和各项经营开支。

公平合理原则，在费率厘定过程中，在风险一致的条件下，相同的风险单位应采用相同的保险费率，不同的风险单位采用不同的保险费率。对于风险较大的保险标的应采用较高的保险费率，对于风险较小的标的则采用较低的保险费率。

相对稳定原则，保险费率的厘定应注意保费标准的稳定性，费率尽量减小波动。这种稳定也不是绝对的，随着防灾技术和方法的改善，人们对风险预测能力的增强，风险发生的频率也会发生变化，保险人可以根据实际情况对费率进行适当的调整，使制定的费率能够恰当的反应风险损失变化的趋势。

损失控制原则，保险费率的厘定，应该起到促进防灾减灾、减少风险的导向作用（蒋丽君，2008）。

1.2.3.4 农作物保险分区（Crop Insurance Division）

农作物保险分区是为保险管理服务的，指依据保险经营原则的要求和农业保险风险地域分布规律，在对种植业保险标的及风险特点进行调查的基础上，根据各地不同的风险状况和保险标的的损失状况，按照区内相似性与空间相异性和保持行政区界相对完整性的原则，将一定地域内的种植业保险标的所面临的风险划分为若干不同类型和等级的区域，并分析研究各区域的自然经济等条件和风险特点，然后科学厘定各风险区域的保险费率，全面规划种植业保险，为其顺利开展和稳定经营提供科学依据（庹国柱，2005）。

1.2.4 灾害、风险和保险之间的关系

由于承灾体的脆弱性不同，灾害会造成不同程度的损失，灾害发生概率及损失率的大小共同决定了风险的高低。风险通过转移构成保险，费率厘定是风险转移的重要内容，根据风险大小确定保险费率，通过保险赔偿可以降低风险。灾害的产生促进了保险事业的发展，而保险又是减轻灾害损失的重要手段。灾害与风险、风险与保险之间的关系见图1-2。

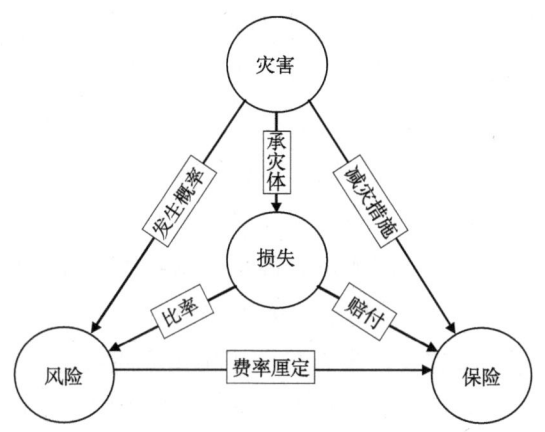

图1-2 灾害、风险和保险的关系

1.3 冰雹灾害时空分布规律研究进展

目前,在冰雹机制、人工防雹、冰雹过程、冰雹预测与预报及冰雹区域分析等方面有许多研究,但对冰雹成灾及其时空动态方面的研究比较少,也就是说有关冰雹致灾的研究较多,而在冰雹成灾方面的研究较少,特别是对全国范围的冰雹灾害类型、时空动态变化规律以及承灾体变化对冰雹灾情的影响机制等方面的研究比较薄弱。在冰雹的研究文献中,研究领域大多集中于短时天气预报方法,形成的物理机制等方面。近年来关于冰雹空间分布特征及其时间演变规律的研究逐渐增多。探索冰雹灾害的时空分布规律是冰雹灾害研究的主要内容之一,是目前研究最多的领域之一。在全国尺度上,我国学者使用不同时段的雹灾数据,对各时段雹灾空间分布格局进行了研究。刘全根等(1966)使用20世纪50—60年代气象站点数据,分析了我国降雹的地理分布和时间特征,找出这一时间段我国的多雹区、少雹区以及多雹带,得出了我国降雹时间南北差异明显的特点;在季节分布上,将全国分为4种类型:春季多雹区、夏季多雹区、春末夏初多雹区及春秋季多雹区。雷雨顺(1978)在纬度、地面海拔高度、地形、海陆分布及下垫面性质几个方面研究了地理条件对降雹的影响,分析了我国降雹年变化、季节变化及日变化规律。冯佩芝(1985)根据1951—1970年的全国600多个气象站点降雹资料,统计分析了年降雹日数、降雹时间及初雹日期,绘制了"年平均降雹日数图""降雹时间分布图"及"初雹日期图"。王静爱等（1999）根据全国1990—1996年冰雹灾情案例数据库，对该时段冰雹灾害时空动态格局进行了分析，划分了冰雹灾害的组合类型，绘制了冰雹灾害空间分布图和时间变化图，指出冰雹灾害与降雹不同，冰雹灾害与降雹空间分布相比，有明显的东移和团块状发展的趋势，该研究弥补了气象站点在观测降雹这种小尺度灾害方面的弱点，开创了利用冰雹灾害案例研究我国冰雹灾害时空分布的新方法。王文宇等（2001）广泛收集1949—1998年来自气象部门、政府减灾部门、新闻媒体等冰雹灾害信息，建立了中国冰雹灾害的数据库，通过3种雹灾信息源对我国雹灾时空格局对比分析，认为中国冰雹灾害成灾的范围具有东移、南移的趋势，并编制出中国冰雹灾害多发区总体分布格局图。20世纪90年代以后，西北地区、华北地区、滇黔地区、川渝地区、河北等省区尺度冰雹灾害时空格局研究相继展开（韩根夫，1999；贺一梅，2002；王秋香，2006；孙艺桃，2013；刘浩，2020）。徐玉桂（2003）根据我国南方61个气象观测站1956—1995年月冰雹日数资料，应用三维EOF和小波统计分析方法，研究了冰雹的主要空间分布类型、季节变化特征、年际变化和年代际变化规律。符琳（2011）利用1958—2007年中国755个站的逐日冰雹资料，运用EOF分析方法，研究了中国近50年冰雹时空变化特征。

美国、英国、澳大利亚等多雹灾国家学者也对不同时空尺度的冰雹灾害分布规律进行研究。Webb，Jonathan等（1994）使用115年较为完备的数据资料，深入分析了英国地区雹灾的时空分异。Michalis（2009）基于希腊全国气象站数据、国家保险机构的作物保险数据和国家防雹计划的观测数据，对希腊北部的中马其顿及其周边地区冰雹频次、分布和强度状况作了深入研究。

综上所述，在冰雹灾害时空格局分析中使用的数据主要有两类，一类是气象站点数据，一类是案例数据。从研究时间段来看，气象站点数据和案例数据最多有50年，即10多年研究成果没有更新。从研究方法上看，主要有两种，一种是图谱分析法，另一种是EOF方法。国内关于时空分布规律的研究虽然获得了我国冰雹时空分布规律，但仍然不够深入。为了便于分期统计，本研究构建全国1949—2009年共60年的县域冰雹灾害数据库，采用EOF模型定量分析与图谱分析相综合的方法，对我国冰雹灾害频次、分布、强度及变化规律进行深入研究。

1.4 冰雹灾害风险研究进展

冰雹灾害风险研究包括致灾因子危险性研究、承灾体的脆弱性研究及风险评价等几个方面。

1.4.1 冰雹致灾因子危险性研究进展

用于描述冰雹致灾能力的要素较多，包括冰雹直径、降雹频次、冰雹落地总动能等。由于冰雹灾害信息和数据的限制，我国学者主要选取降雹频次、冰雹直径或降雹持续时间作为冰雹灾害致灾能力评价要素（董鹏捷，2006；罗培，2007；扈海波，2008）。张养才等（1991）根据雹灾灾情大小将我国划分为轻雹灾区、中雹灾区和重雹灾区。张核真（2007）等根据冰雹直径大小和冰雹持续时间数据，对西藏冰雹致灾危险性进行了区划，分为重度灾区、中度灾区、轻度灾区和基本无灾区。国外学者在进行致灾因子危险性评估时，一般综合考虑了降雹路径、降雹时间、降雹范围、直径大小等各方面因素表示冰雹危险性（Leigh et al., 2001）。若使用单一因子表示冰雹致灾能力，综合反映一个地区降雹密度、冰雹直径和降雹速度等要素的单位面积落地总动能 K（式1-1）这一综合指标备受欢迎（Freddy Vinet, 2001）。

$$K = \frac{1}{A}\sum_{i}\frac{1396\pi}{6}P_H D_i \qquad 式（1-1）$$

式中，P_H=0.9 g/cm³，A 为区域面积，D 为直径。

关于冰雹致灾因子危险性研究相关文献较少，雹灾强度指标主要用来研究小尺度的单场冰雹，在大尺度区域研究中，冰雹致灾强度多用降雹频次这一指标来度量，掩盖了单次雹灾强度的差异性。这是由于目前冰雹致灾数据的局限性所致。本研究在收集大量冰雹案例的基础上，根据致灾及灾情记录，将每一个冰雹案例的强度指数进行判定，从而在雹灾致灾危险性评估方面，更具有科学性，突破了大尺度冰雹灾害危险性研究数据不足的瓶颈，为雹灾风险评价开创了新思路。

1.4.2　冰雹灾害承灾体脆弱性曲线研究进展

1964年，White首次提出了脆弱性曲线，并应用于水灾的脆弱性评估。近年来该方法在水灾、旱灾、地震、台风、滑坡、泥石流、雪崩和海啸等灾害研究中逐渐被推广应用。水灾是目前脆弱性曲线发展较为完善的灾种之一。1977年，英国洪灾研究中心（FHRC）的Penning-Roswell和Chatterton提出了针对英国居住和商用房产的阶段损失曲线。他们将建筑分为21类，并分别求出各类建筑在2种水灾延时情况及4种社会条件中的水灾脆弱性曲线共168条，这是目前水灾脆弱性曲线研究最为详尽的成果之一（石勇，2009）。水灾脆弱性曲线在发达国家特别是美国、日本、英国等国家研究最为深入。在旱灾脆弱性曲线研究中，有众多研究者从气象产量的角度入手，研究了不同干旱强度下作物减产的情况（薛昌颖，2003；刘荣花，2008）。Yamoahp（2000）对美国内布拉斯加州玉米产量和标准化降水量指数（SPI）进行统计分析，进而评价了玉米受旱的风险。王志强（2008）基于EPIC模型模拟了作物水分胁迫与小麦减产率之间的脆弱性曲线，并以此对中国小麦旱灾风险作出评价。贾慧聪（2011）利用作物模型分别模拟和构建了玉米旱灾脆弱性曲线。台风脆弱性曲线研究较多地与工程和保险相结合。Walker利用20世纪80年代前后澳大利亚房屋飓风保险数据构建的建筑物脆弱性曲线，被认为是目前应用最广泛的脆弱性曲线，Khanduri（2003）利用保险数据与气象观测数据，针对美国不同结构房屋建立了风速与建筑物平均损失率的脆弱性曲线。

关于冰雹承灾体脆弱性曲线研究中，澳大利亚的研究开展较早，起初大多以田间试验和定点观测的方式获取农作物雹灾致灾和损失数据，用以脆弱性曲线的构建（Rolando，1990）。后来的研究者基于试验数据、保险数据与遥感反演数据等建立了建筑物、农作物、汽车等的冰雹脆弱性曲线（Leigh，2001；Hohl，2002）。其中比较成熟的有Risk Frontiers开发Hail AUS模型以及NHRC模型。国外学者对雹灾承灾体脆弱性定量研究方面较为深入，如通过对试验数据或雹灾保险数据的分析，得出了小麦、玉米、大豆等作物的雹灾脆弱性曲线（Reitz，1942；Seino，1980，1985；Leigh et al.，2001），国内外关于冰雹灾害承灾体的研究大体一致，主要集中在小麦、玉米、大豆等主要农作物（Hoy，1942；山义昌，1998；郎书文，

2007），关于棉花雹灾脆弱性曲线的研究较少。

在棉花雹灾脆弱性曲线研究方面，1987年，山东省聊城地区保险公司和聊城农校联合，采用人工模拟雹灾的方式，对不同生育时期的棉花进行破坏性试验，得出了雹灾对棉花危害的曲线方程（李存山，1993）。1990年由北京师范大学，中国人民保险公司农村灾害保险技术研究中心、山东省分公司，聊城地区保险公司，聊城地区气象局等单位联合对棉花雹灾进行进一步的研究，开展了人工投掷石子砸击棉株试验，建立了生物定损和照度计定损技术（农村灾害保险技术研究中心和北京师范大学资源与环境科学系自然灾害研究室，1993）。但上述试验是人工横向投掷石子破坏棉株，与冰雹的垂直打击造成的灾害损失有很大的差异。该试验使用的石子直径、石子密度和石子动能均不能够定量控制和精确测度。因此，该项研究尚不能较好的回答棉花雹灾脆弱性形成的机理。李新运等（1993）通过模拟试验、实际调查和统计分析的方法，建立了鲁西北地区棉花断头率，棉花产量比率与雹灾灾情指数和生长阶段之间的函数关系，但缺乏对雹灾致灾强度与棉花减产之间的定量研究。

承灾体脆弱性机理研究是自然灾害综合风险评估与管理的核心内容，其研究不仅能够丰富自然灾害科学的理论与方法，而且能够为防灾和减灾实践提供科学依据。就雹灾研究而言，目前国内对承灾体的脆弱性研究不足，特别是对棉花承灾体的脆弱性研究更是薄弱，特别是对棉花不同生育期雹灾脆弱性曲线的研究更是鲜有文献报道。这严重制约了我国雹灾风险管理和棉花保险定损水平的提高。因此，对棉花雹灾脆弱性机理研究的贫乏，造成该灾种风险评估研究水平低下，相对于干旱、洪涝、霜冻等农业气象灾害而言，是一块研究洼地，这不利于我国灾害科学的整体发展，也不利于防御和减轻冰雹灾害。本研究综合自然雹灾观测法、人工控制试验法及历史棉花雹灾案例数据，用来拟合棉花不同生育期的雹灾脆弱性曲线，该方法丰富了棉花雹灾风险评估的理论方法，对类似的灾种脆弱性曲线的研究提供借鉴。

1.4.3 雹灾风险评价研究进展

国外学者McMaster（2001）以New South Wales为研究区域，在全球变暖背景下，以作物保险数据为基础，对农作物雹灾损失风险进行了分析。

Leigh等（2001）在对悉尼地区冰雹灾害特征分析基础上，以房屋和私人汽车为例，建立了新威尔士南部城市地区冰雹灾害风险评价模型，之后在Brisbane地区也建立相似的模型。该模型主要包括致灾因子发生模型、承灾体的暴露性模型、承灾体的脆弱性模型和损失分析模型四部分组成。另外，Changnon（2007）认为包括冰雹在内的极端雹暴灾害风险评价应包括3个部分：一是基础的致灾因子危险性评价，二是区域要素的脆弱性评价，三是目标区域保险类型的分析。相比之下，我国冰雹灾害风险评价研究起步较晚，尚处于起步阶段。仅部分学者基于灾害系统理论，借鉴比较成熟的地质灾害风险评价方法，在省域尺度上，分析了重庆市和北京市县级冰雹灾害风险（罗培，2007；董鹏杰，2008）。雷晓云（2005）应用信息扩散的模糊数学方法，以1989—2001年的历史风雹灾情资料，以风雹的成灾面积与播种面积的比值作为风雹灾害指数，对新疆生产建设兵团进行了风雹灾害风险评估。该方法较好地解决了由于风雹灾害资料系列短，应用传统的统计模型进行风险评估精度差的问题，但未涉及承灾体本身的脆弱性，无法确定最终的损失率。基于灾害系统理论，不同承灾体类型的雹灾风险评价相继展开，对陕西苹果区、四川烤烟区、四川错季草莓区等区域进行雹灾风险评价（梁轶，2015；张菡，2016；邹雨伽，2019）。前期研究多以降雹频次为致灾因子，没有考虑降雹强度及雹灾造成作物不同生育期的损失率，风险区存在不确定性。

目前，对单一承灾体雹灾风险评价的文献比较欠缺，而在全国尺度下，以作物不同生育期为时间序列的雹灾风险研究还不多见。本研究找到这一研究较为薄弱的领域，选择棉花作为承灾体，在全国范围内，以县域为基本地理单元，开展棉花雹灾风险研究显得尤为重要。

1.5 种植业保险区划研究进展

农作物各生产区域生产风险是指由于多种灾害因子造成的农作物区域产量低于预期正常产量所产生的随机不确定性，而所谓风险分区，即是根据农作物生产这种随机不确定的结构性风险因子将农作物生产风险区域划分成不同的小区域。而农作物生产的结构性风险因子是指地形地貌、土壤条件、气候综合条件等自然和生态环境因子以及农作物生产的技术装备状况、农作物减灾防灾服务体系和农作物种植结构等。

在国外，农作物保险较为成功的国家事实上都进行了农作物保险的风险分区，即对农作物生产的每个区域上划分风险等级，是一种常见的做法。加拿大、日本、美国和德国等都是开展农作物保险较早的国家，农作物保险体系中既有单一灾害的农作物保险，如雹灾保险，又有一切险农作物保险，但无论哪种形式，都按照灾害发生规律和风险程度进行了分区。加拿大的农作物保险是以其10个省为单位的，每个省划分若干个风险区域，如曼尼托巴省将全省划分为16个风险区域；而萨斯嘎旗温省则划分为23个风险区域，每个风险区域上再根据不同的风险因子确定相应的费率等级。日本一般把每个府作为一个风险区域，每个府划分成几个风险等级，而美国则将每个县划分为5~10个风险责任区域，每个风险责任区域再划分为不同的费率等级（FCIC，联邦农作物保险公司，Federal Crop Insures Company）。德国在农作物保险中，将全国划分为44个风险区域，每个区域上再对相应的9种农作物确定不同的费率，在这些风险区域的基础上厘定的费率共有396个，不同地区同种农作物的风险费率的差异也较大。

而在我国迄今为止的农作物保险实践中，大多数地方没有进行风险区域划分，有关风险分区的技术和方法问题涉及的也较少。实际上，我国绝大多数地区即便是同一种作物生产所面临的风险，无论种类、强度还是发生频率都差异很大，同一作物的产量损失分布类型和发生概率也极不相同。在这种条件下，即使依靠行政手段实行一定范围的统保，但由于实施费率不能反映真实的风险水平，也会造成低风险区的保户缴纳高费率，而高风险区的保户缴纳低保费的不公平现象发生。庹国柱等（1994）根据"平均亩产量"和"亩产量变异系数"作为主导指标因素对陕西省泾阳县进行了棉花生产风险的分区。刘长标（2000）提出并讨论了农作物区域产量保险风险区划中风险因子的选择问题，包括地形地貌、土壤条件、气候综合状况、农田水利设施、农户生产技术水平、农作物生产防灾减灾服务体系、作物结构7个方面，但没有涉及具体的分区工作。王季薇（2016）在区域自然灾害系统理论、区域划分理论以及自然灾害保险精算技术的基础上，构建了区域种植业自然灾害保险综合区划的逻辑框架，围绕湖南省晚稻开展了案例研究工作，通过定量风险评估、费率厘定与多要素区划方法，最终形成了研究区晚稻自然灾害保险综合区划方案。于海娇（2021）基于2009—2018年浙江省农房灾害保险的承保与赔案数据，利用非寿险定价的聚合风险模型，结合离散事件仿真方法，厘定了分县保险费率。

总的来说，农作物生产的风险分区是一个复杂的系统工程，目前针对此项问题的研究较少，本书对棉花雹灾这一单灾种，单作物进行风险评价，并对费率进行分区，研究结果具有重要的应用价值，不仅能为保险公司实行分区差异费率提供科学依据，同时为政府以农业保险为主体的农业灾害补偿制度提供技术支持。

1.6 理论基础

本书在灾害系统理论、地域分异理论、地学信息图谱理论、统计推断理论的指导下，构建了中国冰雹灾害格局分析方法、棉花雹灾风险评价方法、棉花雹灾保险费率厘定与分区的方法。

1.6.1 灾害系统理论

灾害系统理论的基本理论体系揭示了孕灾环境、致灾因子和承灾体的关系及其之间相互作用的动力学过程和区域灾害研究的基本内容。灾害系统理论是种植业灾害风险评价最核心的理论，也是本书的研究基础。

自然灾害的形成，是灾害系统综合作用的产物。致灾因子、孕灾环境、承灾体与灾情4个要素组成了灾害系统（史培军，1996）。致灾因子、孕灾环境与承灾体的相互作用都对最终灾情的时空分布、破坏程度大小造成影响。灾害的形成是致灾因子、孕灾环境与承灾体脆弱性之间相互耦合变化的过程中，灾害系统平衡被破坏的结果，与整个灾害系统各组成成分的变化强度、方向、规模和频率等密切相关。

自然灾害系统包括结构体系、功能体系和功能间的转换体系（图1-3）。区域灾害系统的结构体系（DS）可以由$DS=H \cap E \cap S$来表达。孕灾环境（E）是由大气圈、水圈、岩石圈、生物圈、人类—技术（物质文化）圈所组成的综合地球表层环境，体现在地球表层过程中的一系列具有耗散特性的物质循环和能量流动以及信息、价值流动的过程。致灾因子（H）是孕灾环境中的异变因子，由自然系统、人为系统和环境系统所组成，可能造成财产损失、人员伤亡、资源与环境破坏、社会系统混乱等。承灾体（S）是灾害的承受体，包括人类本身及生命线系统、各种建筑物及生产线系统等。灾情（D）是在一定的孕灾环境和承灾体条件下，因为受灾导致某个区域、一定时期生命、财产损失、资源环境受破坏的情况，具体包括人员伤亡、直接和间接经济损失、建筑物破坏、生态环境资源破坏等。区域灾害系统的功能体系（D_f）是由致灾因子风险性（R）、孕灾环境稳定性（S）和承灾体脆弱性（V）共同构成。在灾害系统中，致灾因子、孕灾环境和承灾体的作用具有同等重要性，即在一个特定的孕灾环境条件下，致灾因子与承灾体之间的相互作用功能集中体现在区域灾害系统中致灾因子风险性（R）与承灾体脆弱性（V）和恢复性（R_i）之间的相互转换机制（D_{ft}）。

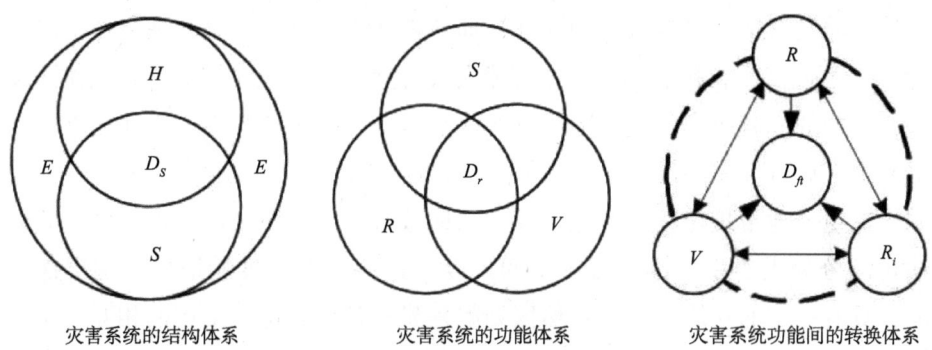

灾害系统的结构体系　　　　灾害系统的功能体系　　　灾害系统功能间的转换体系

图1-3　自然灾害系统的结构、功能和转换体系（引自史培军，2005）

区域灾害风险评估模型有两种，一种是广义上的灾害风险评估模型，它是对灾害系统可能造成的风险估计；另一种是狭义上的灾害风险评估模型，则仅对致灾因子造成的风险进行评估，在假设承灾体的脆弱性与恢复力在一定时间内是固定不变的情形下，仅评估不同水平致灾因子发生的可能性及其造成的损失。

区域灾害系统论，是目前发展较为全面的一套灾害系统研究的理论。它从灾害系统的组成、结构、功能和其内在的相互联系，以及灾害及风险的形成过程等方面进行综合研究，包括突发性和渐发性灾害发生发展过程中的主要因子及其内在机制。区域灾害系统的理论框架，为棉花雹灾风险的形成过程及动力学机制、棉花雹灾风险的评价提供了理论依据。

1.6.2 地域分异理论

地域分异理论的核心内容是：地表自然界在外能（主要是太阳辐射）和内能（主要是地壳运动）的综合作用下，自然现象具有纬向地带性、海陆地带性、高度地带性和地质地貌非地带性的区域分异。冰雹灾害孕灾环境和致灾因子的空间分布规律符合地域分异理论。地域分异理论是棉花雹灾风险评价与保险费率区划中指导区划界线划定和区划等级系统确定的理论基础。

地域分异的规律性是指整个景观或地理环境的各组成部分，按照确定的方向发生有规律的空间分异现象（赵济，2005）。太阳辐射能（外能）和地球内部运动（内能）是形成地域分异的2种最基本的驱动力，它们在时间或空间上的影响是不均衡的，二者在地球表层自然界中的特殊表现，就决定了地域分异最基本、最普遍的规律性，即地带性（显域性）与非地带性（隐域性）。太阳辐射能和地球内能在地球表层自然界中的表现通常是相互作用和综合影响的，就决定了地域分异具有水热组合的自然地带性，具体表现为：最基本的地带性—纬度地带性、派生地带性—经度地带性和垂直地带性、特殊水热组合地带规律—三维地带性。从地域分异的尺度来看，地域的空间结构可以分为大、中、小三级的空间尺度，这些不同尺度的地域结构层次之间，具有一定的从属关系。自然区划就是建立各地域单元结构的相互关系，按照等级层次体现出高一级区域和低一级区域之间的从属关系，并且同一级的区域之间保持最大差异性。

中国地域辽阔，地貌复杂多样，冰雹灾害表现出一定的地域分异规律。此外，作为承灾体的棉花种植区，其空间分布也具有一定的规律。这二者在空间上呈现出的格局与相互间的耦合，形成了棉花雹灾风险分布格局，地域分异理论为棉花雹灾风险评估与棉花雹灾保险费率的区划提供了理论支撑。

1.6.3 地学信息图谱理论

"地学信息图谱"（Geographic Information Tupu）是按照一定指标递变规律或分类规律排列的一组能够反映地球科学时空信息规律的数字形式的

地图、图表、曲线或图像。地学信息图谱理论最早是由陈述彭院士提出的，该理论具有GIS发展史上的里程碑意义，它综合利用了GIS、RS、GPS、网络通信、虚拟现实等现代技术，并基于空间认知理论和数据挖掘方法，提出了利用空间形象思维解决模拟地理过程的方法。"图谱"（TUPU）是图与谱的结合，兼有图形与谱系双重特性，同时反映与揭示事物和现象在三维空间结构特征与时空动态变化的规律，它充分利用了图的直观性、简洁性特点和谱的归纳性特点，常以系列图的形式表示时空动态变化。

地学信息图谱的特点主要有：①采用图形思维中的抽象概括方法和信息分析中的数据挖掘方法，对大量的地球科学的信息进行分析加工的成果结晶；地学信息图谱突破了传统的思维方式，采用了多学科、多领域的先进分析方法，着眼于本质规律性的研究，建立客观、整体和多指标的综合评价体系；②它是建立在现代空间技术、信息科学、地球系统科学与GIS的基础上，因此信息量非常丰富，可以实现图谱的生成过程智能化和自动化，它既能够再现过去，也能够提供预测未来的多种设想和可能方案，供决策者做出直观判断；③对于一个区域来说，地学信息图谱就是一个规范化的框架。每种个体现象，只要形成了图，总能够在图谱中找到其抽象的映像图；④地球信息图谱具备"谱"的所有功能，即地球科学领域内空间信息的演示说明功能、分类定位功能和规划指导功能。

将区域灾害系统理论与地学信息图谱理论有机结合，在GIS技术支持下，通过图谱单元这种"格局与过程"研究的时空复合体，用同时反映空间差异和时序变化过程的灾害属性状态变量进行描述、形成的是灾害系统时空耦合的系列地图。灾害系统研究的对象具有时空属性，形成机理相当复杂，不仅涉及自然界的各个圈层，而且处在人地系统相互作用的核心部分。基于地学信息图谱理论，采用灾害系统图谱法，以直观、形象的方式表达复杂的灾害过程，以形象思维方式来认知复杂、抽象的灾害形成机制的谱系，是中国棉花雹灾风险评价过程和结果呈现的主要方法。

1.6.4 统计推断理论

统计推断理论的核心内容是指依据统计量的分布和概率论的基础原理，以有限的样本计量来推断总体的参数的理论。在进行风险评估的过程中，均要求利用过去发生的自然灾害的案例数据，从而对未来一段时间内可能发生的自然灾害及其造成的可能损失进行推断和预估。在这个过程中，历史案例数据即成了统计样本，而目标则是对未来可能的若干结果发生的可能性进行概率地描述。统计推断理论为基于雹灾案例数据进行冰雹致灾强度指数判断、损失率赋值、风险评估及费率厘定的有关工作提供了严密的逻辑与技术方法。

1.7 研究框架

本书研究框架分为理论基础、数据基础、风险评价和保险应用4个层次（图1-4）。

理论基础：在地域分异理论、灾害系统理论、地学图谱理论及统计推断理论的指导下，开展项目研究。

数据基础：通过多源信息，构建风险评价与费率分区的基础数据库、派生数据库，形成数据基础。

风险评价：采用GIS技术，统计分析，风险评价方法，基于棉花不同生育期编制系列中国县域棉花雹灾风险评价图谱。

保险应用：基于中国县域棉花雹灾风险评价结果，计算各县棉花雹灾保险费率，根据区划的原则，进行费率区划，应用于保险业务的开展。

第1章 绪 论

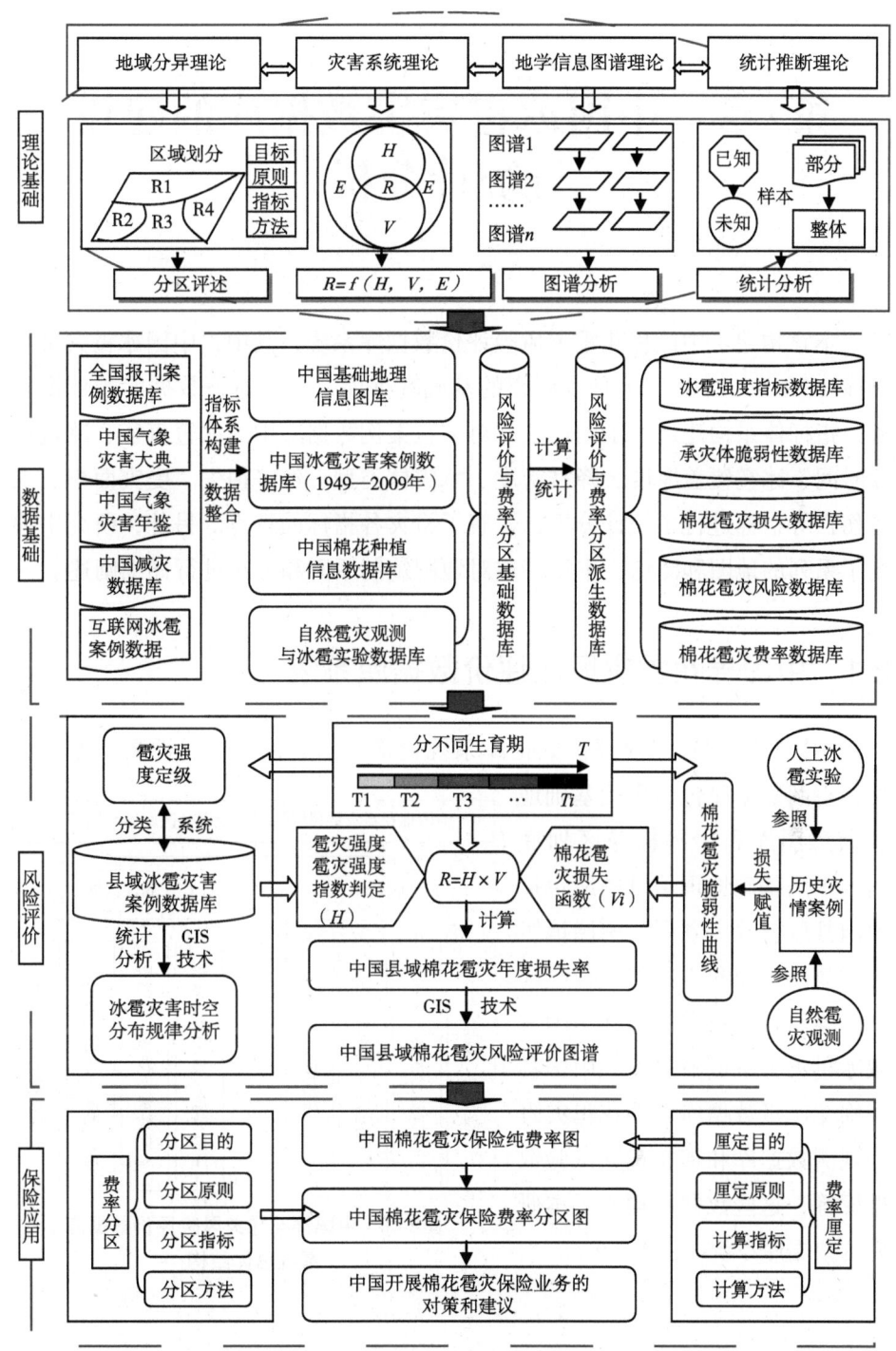

图1-4 研究框架

第2章　中国冰雹灾害数据库的建设与统计分析

本章构建了中国棉花雹灾风险评价数据库系统，其中，中国冰雹灾害案例库（1949—2009年）是本研究的基础数据库，本章对该数据库的数据来源、指标体系构建进行了阐述，并对冰雹案例数据库中的冰雹直径、冰雹持续时间、冰雹覆盖厚度、降雹密度、承灾体类型、经济损失、受灾面积、人畜伤亡等指标进行了统计分析，了解了雹灾各指标的特点。另外，研究中编制了系列的地图和图谱，本章着重对地图编制原则和方法进行详细阐述。

2.1　中国棉花雹灾风险评价数据库系统

中国棉花雹灾风险评价数据库系统包括空间数据库和属性数据库两大类，空间数据库包括中国基础地理信息图库和中国棉花区划底图，中国基础地理信息图库包括中国县域行政区划图、中国地级市行政区划图和中国省级行政区划图等。属性数据库包括中国县域冰雹灾害案例数据库、中国县域棉花产量数据库、棉花雹灾野外观测数据库和棉花雹灾试验数据库等，这些数据库构成了本研究的数据库系统（图2-1）。

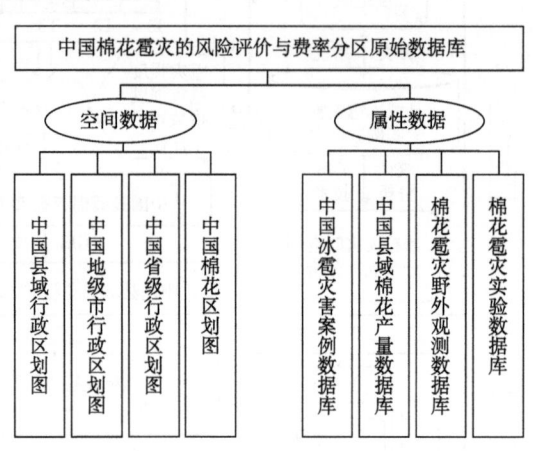

图2-1　中国棉花雹灾风险评价数据库系统总体结构

2.2 中国冰雹灾害案例数据库的建设

本研究通过收集历史文献，设计了冰雹灾害案例数据库的指标体系，构建了中华人民共和国成立以来60年的中国县域冰雹案例数据库，为分析我国冰雹灾害的时空分布规律，棉花雹灾风险评价提供数据支撑。

2.2.1 冰雹灾害案例的资料来源

数据库收录了中华人民共和国成立以来各县发生过的冰雹案例，案例资料来源于多个渠道，对多源信息进行整合，统一了指标体系。案例数据与气象站点降雹数据存在差异，进行了比较分析，检验了数据的可靠性。

2.2.1.1 冰雹灾害案例数据库与气象站点降雹数据的比较

冰雹案例数据有别于气象站点数据，它是实际发生冰雹灾害后，发布的灾情案例数据，而气象站点数据的特点是无论是否形成雹灾，只要有降雹即记录一个降雹日。由于冰雹发生的范围相对较小，雹灾的突发性强，持续时间短，因此降雹数据很难被分布零散的气象台站全面观测到，有些案例数据气象站点是无法记录的，因此，历史雹灾案例数据比气象站点降雹数据更加丰富。据统计，单站观测到的冰雹大约只占实际出现冰雹的1/5（徐良炎，1988）。由于降雹的局地性强，气象观测站间距大，使得气象站点降雹记录代表性较差。若单以气象站的记录为准的话，大约要漏掉80%的雹灾。例如，1955—1964年，云南省共出现431县次雹灾，全省气象站观测到的却只有148次，仅占实际发生数的35%（雷雨顺，1978）。王静爱等（1999）认为，"冰雹灾害案例数据在很大程度上对冰雹观测数据的区域不完备性方面有补充作用，对冰雹灾县的确认更接近实际。"因此，本研究以历史雹灾案例库为数据基础，对灾情信息进行深度的挖掘，以期获得相关的研究成果更具有应用价值。

2.2.1.2 基本资料来源

雹灾案例资料主要来源于《中国气象灾害大典》《中国气象灾害年鉴》《中国报刊灾害数据库》及《中国减灾》等，辅以互联网冰雹灾情信息加以补充，见表2-1。这些降雹资料翔实可靠，记录了冰雹致灾的一些灾情信息，对这些信息加工后，录入数据库，未造成损失的降雹信息，数据库不予收录。该套雹灾案例数据库是目前国内最详细的冰雹灾害案例数据库。本研究以县域为基本统计单元，对全国各个县的降雹记录进行数字化录入（中国台湾地区数据未统计），一个县发生一次降雹作为一条数据，构建了中国1949—2009年冰雹历史灾情数据库，考虑到1949年的数据不齐备，故在以下的分析中采用1950—2009年的数据，共60年，60年的数据为研究中国不同周期的雹灾分布格局动态变化，不同年遇型风险奠定了基础。

表2-1 中国冰雹灾害致灾因子数据库资料来源

数据库	数据源	主要信息	来源
中国雹灾案例数据库	《全国报刊灾害数据库》	1949—2005年全国各县冰雹灾害案例数据	北京师范大学区域地理研究实验室
	《中国气象灾害大典》	1949—2000年全国各县冰雹灾害案例数据	气象出版社，2008年
	《中国气象灾害年鉴》	2005—2007年全国各县冰雹灾害案例数据	气象出版社，2006—2008年
	《中国减灾》	2001—2004年全国各县冰雹灾害案例数据	民政部国家减灾中心
	网络搜索	2008—2009年全国各县冰雹灾害案例数据	互联网

不同数据源特点如下。

《中国气象灾害大典》：该典籍按省区分为若干卷，每个省区单独成册，收集了有历史记录以来大量宝贵而翔实的气象灾害案例资料，下限到2000年。这套文献为本研究提供了基础性资料，本研究摘录了文献中1949—2000年的冰雹灾害案例，进行数字化后录入计算机，该数据库是本研究的主体数据。

《中国气象灾害年鉴》：该年鉴从2005年开始发布全国各种气象灾害

信息，收录的冰雹案例标准是某一地区出现的风雹过程，致使农业受灾面积达到1 000 hm²以上，或造成人员死亡人数2人以上，或造成直接经济损失1 000万元以上。本研究将年鉴中公布的2005—2009年的雹灾案例数据收录。

《中国减灾》：中国减灾杂志自1990年开始发布全国各种雹灾灾情信息，重点是农业受灾情况，数据丰富，包括雹灾发生时间、结束时间、经济损失等，通常以县为统计单元，收录的信息年代重叠时，剔除了重复案例。

《中国报刊冰雹数据库》：该库收录了1949—2000年的报刊冰雹案例，本研究用该库对新建的《中国冰雹案例数据库》进行数据检验，之后将其并入，并剔除重复数据。

互联网：互联网的发展为数据收集创造了条件，通过网络搜索引擎，输入"冰雹""雹灾"关键词逐年逐月搜索2001—2009年的雹灾信息，收录到冰雹案例数据库中。

以《中国气象灾害大典》数据为基础，基于多源信息整合的《中国1949—2009年冰雹灾害案例库》共有雹灾记录29 791条，排除1949年的49条数据，用于本研究分析的数据共29 742条。

2.2.2 冰雹灾害案例数据库的指标体系构建

中国冰雹灾害案例数据库的指标体系主要包括基本信息、致灾和灾情3种类型，见表2-2。基本信息包括冰雹发生的年份、月份、日期、开始时间和发生县的ID号；反映冰雹致灾能力的字段有持续时间、平均直径、最大直径、积雹厚度、最大重量、降雹范围、风力等；反映灾情信息的字段包括受灾面积、成灾面积、绝收面积、粮食减产、受伤人数、死亡人数、死亡家禽数、死亡牲畜数、损坏房屋、倒塌房屋、倒折树木、直接经济损失及灾情描述等，在录入过程中对雹灾案例进行等级判断，分为特重雹灾、重雹灾、中雹灾和轻雹灾4个级别。

表2-2 冰雹灾害案例库指标设计

指标类型	字段	单位及注意事项	指标类型	字段	单位及注意事项
基本信息	县名	注意行政区划变动	致灾能力	引发洪水	有记录1
	代码	各县ID号		龙卷风	有记录1
	发生年份	四位		受灾面积	hm²
	月日	个位日前加0，如8月6日，记录为806		成灾面积	hm²
	起时	如9时08分，记录为908		绝收面积	hm²
致灾能力	持续时间	min	灾情	受灾村庄数量	个
	平均直径	mm		受伤人数	人
	最大直径	mm		死亡人数	人
	等级	特大，重，中，轻		死亡动物	头（只）
	密度	粒/m²		死亡家禽	只
	风力	级		受灾损失	百分比
	最大重量	g		倒折树木	棵
	降雹范围	km²		损坏房屋	间
	积雹厚度	cm		倒塌房屋	间
				直接经济损失	万元
				灾情描述	

2.2.2.1 遇到的问题与解决办法

雹灾案例是对一次降雹过程的文字描述，在将文字转化为数字的过程中遇到的问题主要有以下几个方面。

冰雹灾害发生时间问题。冰雹灾害发生时间包括冰雹发生日期和开始时间，为了便于统计，在录入时对时间做了标准化处理，如冰雹灾害发生月日若为5月6号，则输入506；若为10月11日则输入为1011。如果只是说冰雹发生在7月，则取中值处理，输入715；若是冰雹灾害发生在6月下旬，则输入625。冰雹开始时间若是9∶08，则输入格式为908；若是20∶15，则输入2015。

冰雹大小的问题。雹灾案例中，关于冰雹大小的记录较多为参照实物对比描述，例如，雹如蚕豆、杏、核桃、鸡蛋等。在冰雹直径信息处理中，参照上海市标准和山西昔阳县群众描述的标准对冰雹大小进行量化。上海市农业区划委员会于1984年3月出版的《上海市冰雹图集》中，把冰雹强度划分为5个等级，确定了参考直径。见表2-3。

表2-3　上海冰雹大小与实物参照标准

雹块大小描述	拳头	鸡蛋	核桃	蚕豆	黄豆
参考直径（cm）	≥5.0	3.5~4.9	2.0~3.4	1.0~1.9	<1.0

资料来源：《中国气象灾害大典·上海卷》。

山西昔阳县是我国的多雹区，当地群众在和雹灾进行长期的斗争中，总结出了一套冰雹大小的简易实物对照描述的方法，该方法易于信息的采集，见表2-4。

表2-4　昔阳群众对冰雹大小的实物对照简易记载法

实物名称	豆粒	玉米粒	杏核、蚕豆	杏、大枣	核桃	小鸡蛋	鸡蛋	拳头
冰雹直径（cm）	≤0.5	0.5~1.0	1.0~2.0	2.0~3.0	3.0~4.0	4.0~5.0	5.0~6.0	6.0~10

综合表2-3和表2-4中的实物对照参考冰雹直径，本数据库采用表2-5的标准进行录入。为了统计、制图的方便，对照表中是单一数值，没有数值区间。

表2-5　冰雹描述与大小对照

描述	黄豆	蚕豆	枣	杏	蛋黄	核桃	鸡蛋	拳头	碗口	盘
直径（mm）	8	15	20	25	30	35	45	60	80	100

受灾面积的数据分拆问题。由于该数据库是按照县一级单位进行录入，如在受灾面积中有些描述是多个县只有一个受灾总面积，就需要对总面积进

行分拆，分配到各县中去，形成每个县的受灾面积。分拆的方法是以各县耕地面积占所有县耕地总面积的比例进行再分配。公式如下。

$$B_i = B \times \frac{A_i}{\sum_{i=1}^{n} A_i} \qquad 式（2-1）$$

式中，n表示一次降雹覆盖的县数；A_i表示第i个县的耕地面积；B表示这次降雹总受灾面积；B_i表示第i个县的受灾面积。

区划调整的问题。雹灾案例数据库时间跨度60年，有的区县行政区划进行了调整，名称发生了变化。数据录入时，需要确定雹灾发生地属于现在哪个县管辖，进行相应的调整，如历史上同一个案例出现的多个县市现在已经合并为一个县市的只记录为一条数据。以辽宁省为例，锦西县现在属于锦州市市辖县，新金县现属于大连市市辖区，锦西市即现在的葫芦岛市，锦县现为锦州市辖县，复县现为大连市管辖，东沟县现归丹东市管辖。如1973年10月21日，复县降雹，损失苹果50万kg。金县冰雹直径16 mm，5个公社成灾，损失蔬菜400万kg，苹果350万kg。由于现今复县和金县都隶属于大连市辖区，所以只作为一次雹灾归并到大连市辖区。

2.2.2.2 数据检验

本数据库源于原始资料，由于冰雹数据收集比较困难，原有资料虽然详尽，但遗漏也在所难免。数据库建设完成后，需要对数据质量进行检验，检验的方法是用已有的冰雹灾害案例数据库进行出图对照，分析冰雹分布的基本格局是否相符合。

对照数据库采用北京师范大学区域地理研究实验室构建的《中国报刊灾害数据库》（以下简称《报刊库》），该数据库收录了1950—2000年全国32个省（直辖市、自治区）级报刊报道的各类自然灾害，包括冰雹灾害2 811条记录，由于该数据库与基于《中国气象灾害大典》（以下简称《大典》）构建的冰雹数据库时间序列一致，因此用于检验比较合适。

基于两个雹灾数据库制图，通过图谱分析，可以看到两种信息源的中国雹灾空间分布格局基本一致，有部分地区存在差异，基于《大典》的冰雹灾害空间格局分布图中突出了山西省多雹区，阅读《大典》中的山西卷发现，山西省冰雹案例翔实、丰富，相比较而言，《报刊库》是基于报道收录的数据，遭受雹灾是否在报刊中报道，受各种主观因素影响较大，尤其对于较小的灾情，各省之间没有统一规范，有的省份进行报道，有的省份并不报道，两图中的差异与此有关。总体来看，格局是一致的，数据可用。基于《大典》的冰雹灾害数据库是《报刊库》的补充，因此将两个数据库进行合并，同时剔除同一县同一天的重复雹灾数据，最终得到本研究需要的《中国冰雹灾害案例数据库》。

2.2.3 雹灾案例指标分析

冰雹是我国常见的气象灾害，它形成于发展强盛、有强烈上升运动的积雨云中。冰雹出现的范围较小，历时短；但来势猛，强度大，常伴有狂风暴雨，冰雹可砸毁大片农作物、果园，损坏房屋、玻璃及汽车等，往往给局部地区的农牧业、工矿企业、电讯、交通运输以及人民生命财产造成很大的损失，是一种严重的自然灾害。因此，有必要根据历史冰雹发生案例，以统计推断理论为基础，深度挖掘冰雹大小、持续时间、降雹范围、覆盖厚度及灾情等信息，以便更清楚地认识冰雹本质及我国的灾情特点。

2.2.3.1 冰雹大小

冰雹的大小是描述降雹强度的重要参数之一，冰雹强度大小等级的国家标准主要依据冰雹落地的直径划分，冰雹的等级依次分为小冰雹、弱冰雹、一般冰雹、强冰雹、特强冰雹5个等级。小冰雹直径在4～5 mm，弱冰雹直径在5～10 mm，一般冰雹直径在10～20 mm，强冰雹直径在20～30 mm，特强冰雹直径在30 mm以上。

本研究建立的雹灾案例数据库中描述冰雹大小的指标有两个，分别是平均直径和最大直径，这是案例描述中最常见的关键词，经过对数据库中有冰雹大小记录的2 713条数据样本进行统计，如表2-6所示，可以得出以下认识，冰雹直径大小在1～50 mm不等，主要集中在10～20 mm，根据国家公布的冰雹标准征求意见稿，属于一般冰雹，占统计样本总数的43.06%，另外较大的弱冰雹，占26.82%，直径在20～30 mm的强冰雹占13.47%，超过30 mm的特强冰雹占11.29%，其中有6.95%的冰雹直径超过了40 mm。这一方面说明一般冰雹比特强冰雹的发生概率大;另一方面也说明形成雹灾不单单取决于冰雹直径大小,还要看持续时间、降雹密度及承灾体的脆弱程度等,小冰雹和弱冰雹也会形成严重的灾害。

表2-6 冰雹平均直径统计

冰雹平均直径(mm)	1~5	5~10	10~20	20~30	30~40	40~50
所占比例(%)	5.36	26.82	43.06	13.47	4.34	6.95

雹块的大小是雹灾中最具杀伤力的因子,直径20 mm的雹块重约3.8 g,速度为20 m/s;直径60 mm以上的雹块重量可达几百克到几千克,速度达30~60 m/s,相当于时速100~200 km,能直接砸毁飞机、汽车、门窗、农作物,并使人畜伤亡。雹块大小与质量、落速的关系如表2-7所示。

表2-7 球形雹块的直径和质量、落速的关系

雹块直径(mm)	6	10	20	30	40	60	100	140	200	300
质量(g)	0.10	0.47	3.8	12.7	30	102	471	1 290	3 770	12 700
理论落速(m/s)	11	14	20	25	28	35	45	53	63	77

资料来源:(雷雨顺,1978)。

一场冰雹中,雹块的大小是不一样的,在雹灾案例中,有一个重要的描述是最大直径,冰雹直径大小不同说明上升气流的强弱。案例中冰雹最大直径一般描述为大小如枣子、鸡蛋、拳头、碗口等。根据描述将相应的数值录入,共采集案例样本数6 046个,统计结果如表2-8所示。

表2-8 冰雹最大直径统计

冰雹最大直径(mm)	2~10	10~20	20~30	30~40	40~50	50~70	70~100	100以上
样本数(个)	170	663	814	1 180	1 237	1 253	610	119
所占比例(%)	2.81	10.97	13.46	19.52	20.46	20.72	10.09	1.97

记录中,冰雹最大直径范围在2~600 mm,这种600 mm大的冰雹记录有些夸大,应该是冰雹凝结在一起时的状态,被观测者记录。这条超大

冰雹记录发生在1987年8月3日黑龙江省的绥棱县。个别差异性数据不影响总体结构水平。从表2-8中可以看出，我国雹灾记录中最大直径值集中在30～70 mm，占60.7%。即最大冰雹如核桃、鸡蛋、拳头，属于重雹灾。另外，有一些直径超过100 mm的特大罕见冰雹记录，有119条。

对冰雹最大直径超过60 mm的雹灾案例进行分省区统计见图2-2。统计结果发现，县次数最多的是安徽省，60年来共发生95县次，如歙县1967年3月27日发生冰雹灾害，记录雹灾最大直径150 mm，特大冰雹有人头大小，重3～4 kg，山沟积雹厚1 m，平地普遍也有6～7 cm，造成几十年所未有的大雹灾，全县有48人伤亡。安徽肥西县1953年8月1日记录的冰雹大如碗口，小的似鸡蛋，这和安徽多强对流天气的情况相符。另外江苏、河南、山东及河北的大冰雹记录也较多。

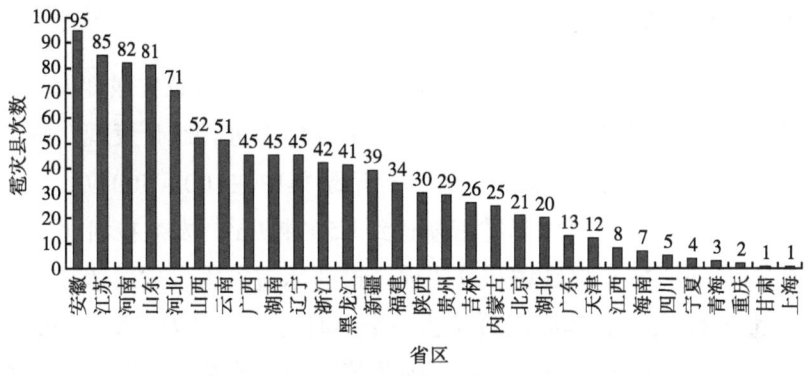

图2-2　中国冰雹最大直径超过60 mm的省份发生县次

2.2.3.2　持续时间

冰雹持续时间是影响冰雹致灾强度的另一个重要因素，对5 126条降雹持续时间的记录进行统计，见表2-9。发现降雹持续时间多在5～15 min，占总样本数的42.63%。数据库中降雹持续时间最长的记录是120 min，有两次记录，分别发生在1963年的湖南省泸溪县和1978年的湖南平江县。降雹持续时间超过45 min的17次降雹记录中，全部发生在湖南，如洪江市、新邵县、保靖县、衡山县、沅陵县、辰溪县、溆浦县、麻阳县、芷江县、慈利县、凤凰县、桑植县、衡阳市、慈利县、泸溪县等，这说明湖南冰雹天气系统动力性很强，更易发生间歇性降雹。

表2-9 降雹持续时间统计

持续时间（min）	0<t≤5	5<t≤10	10<t≤15	15<t≤20	20<t≤25	25<t≤30	30<t≤40	40<t
雹灾县次	671	1 200	985	893	261	776	315	25
比例（%）	13.09	23.41	19.22	17.42	5.09	15.14	6.15	0.49

注：t表示降雹持续时间。

2.2.3.3 降雹范围

数据库中描述降雹范围的指标有降雹宽度、降雹长度、降雹范围。有降雹范围记录的案例共180条，雹击带宽度在1~20 km，长度在2~200 km，降雹面积2~600 km^{2}不等。通过计算，降雹范围的平均值为171.48 km^2。

2.2.3.4 降雹密度

降雹密度是指降雹过程中雹块的密集程度，是衡量致灾强度大小的重要指标之一。根据有降雹密度指标的139条记录样本进行统计发现，降雹密度6~3 500粒/m^2，变化幅度极大。大部分记录集中在100~500粒，占总数的47.8%。所有记录中，最大降雹密度达到3 500粒/m^2，发生在河北省。1990年6月21日，河北省东部廊坊和沧州地区遭遇冰雹灾害，这次冰雹最大直径15 cm，重2.87 kg，持续时间最长达一个小时之久，最大密度2 800~3 500粒/m^2，冰雹过后瓜果满地，玉米、棉花等作物叶片全无，造成了很大的损失。可见降雹密度大小对雹灾灾情有重要的影响。

2.2.3.5 冰雹覆盖厚度

覆盖厚度是一场冰雹在平地上的累积厚度，它取决于冰雹大小、持续时间、降雹密度，是衡量冰雹致灾能力的最好的指标，根据雹灾案例文献资料统计，覆盖厚度0~5 cm为轻雹灾、5~10 cm为中雹灾、10~20 cm为重雹灾、20 cm以上为特重雹灾。通过对1 334条有冰雹覆盖厚度记录的数据进行统计（图2-3）可以看出，覆盖厚度主要集中在5~10 cm，占雹灾总数的37.66%，0~5 cm的占24.05%。冰雹覆盖厚度超过10 cm的雹灾发生概率逐渐减少，大于20 cm的已属特重雹灾，占8.76%。

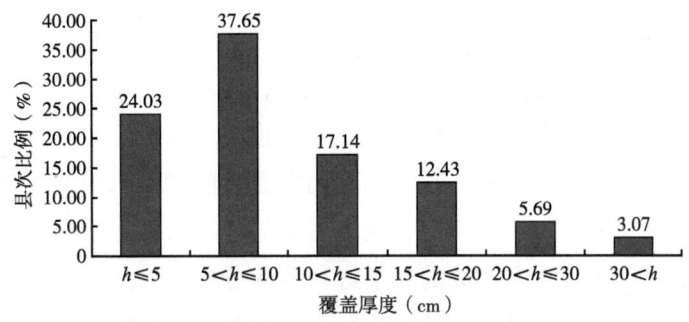

图2-3 中国冰雹不同覆盖厚度发生县次比例

注：h为冰雹覆盖厚度。

在案例库中，覆盖厚度最大值达到33 cm的共两条记录，分别发生在黑龙江省的甘南县和勃利县。案例记载，1967年6月22日，黑龙江省甘南县中兴公社10个大队遭受冰雹袭击，平地积雹1尺（1尺≈0.33 m），最大雹块如鸡蛋大，农田受灾7.5万亩，死亡16人。

对冰雹覆盖厚度超过20 cm的雹灾记录进行分省区统计，结果表明新疆发生覆盖厚度超过20 cm的冰雹次数比例最高，占20.1%。山西、河北、黑龙江所占比例也比较突出，但相差不大，分别为12.56%、12.07%、12.06%。而安徽省虽然在冰雹最大直径记录中比较突出，但在雹灾覆盖厚度的记录上并不在前列。这更进一步说明存在小雹大灾、大雹小灾的情况，不能只根据冰雹大小来定灾情（图2-4）。

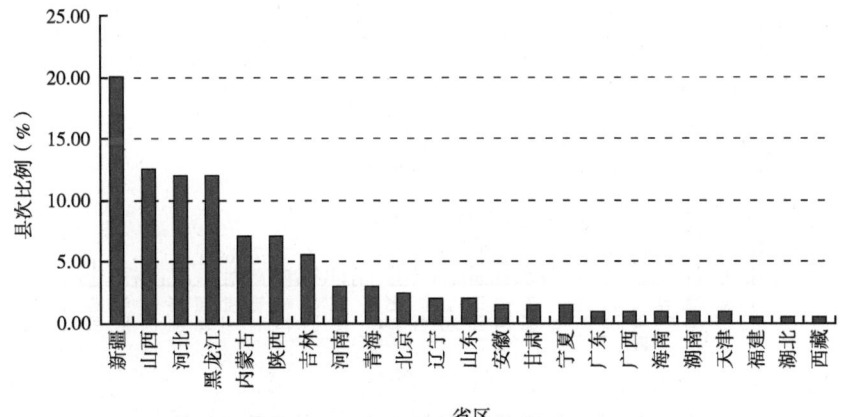

图2-4 中国各省区冰雹覆盖厚度超过20 cm的县次比例

2.2.3.6 灾情分析

冰雹对农作物、林果等会造成机械损伤，破坏其正常生长机能，造成减产甚至绝收，较大的雹块会导致人畜伤亡，也会对农业、通信、交通、城建等设施造成损坏。由于风灾、雹灾和暴雨总是伴随发生，因此有些灾情是由风灾和暴雨造成的，如倒折树木，倒塌房屋等。本研究尽量剔除风灾和暴雨造成的灾情，只针对雹灾造成的灾情进行统计分析。

受灾面积：受灾面积是指因灾减产10%以上的面积；成灾面积是指损失超过30%的雹灾面积；绝收面积是指损失率超过80%的面积。对有受灾面积记录的6 366条数据进行统计，县受灾面积集中在1 000 hm²以下，占总样本数的49.13%，接近一半，其中，小于200 hm²的雹灾案例占17.92%，200～500 hm²的占15.28%，500～1 000 hm²的占15.93%。受灾面积超过5 000 hm²的占10.6%，其中受灾面积超过10 000 hm²的占1.31%。案例库中，县受灾面积最大记录是20万hm²，1964年6月13日发生在山东省平原县。

记录中，受灾面积超过5 000 hm²的案例（包括5 000 hm²）共739个，对其进行分省区统计，结果如图2-5所示，一次降雹受灾面积超过5 000 hm²的雹灾主要发生在北方地区，而南方地区较少出现大范围的降雹。山东、山西两省出现最多，超过110县次，新疆、河北次之，超过60县次，另外，黑龙江、吉林、青海、辽宁等地也是受雹灾面积较大的省份。

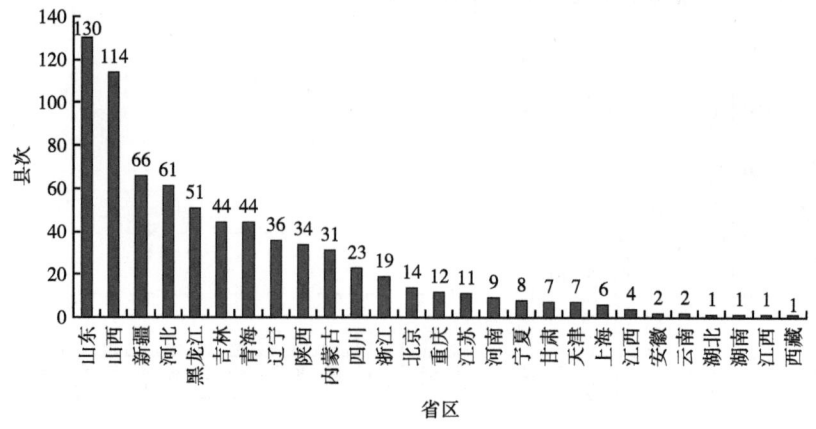

图2-5 中国受灾面积超过5 000 hm²的省区发生县次

成灾面积数据共689条，统计发现，最小县域成灾面积2 hm²，最大成灾面积7 6000 hm²，1972年4月18日，发生在安徽省安庆市。成灾面积超过5 000 hm²的有89县次，超过2 000 hm²的有226县次，超过1 000 hm²的有374县次，超过500 hm²的有494县次，低于500 hm²的有195县次。成灾面积超过2 000 hm²的主要集中在北方地区，对超过2 000 hm²的数据进行分省统计，见图2-6。结果表明，山西发生的县次最多，达53，青海、黑龙江、吉林、河北和陕西排在前列，南方省区比较靠后。

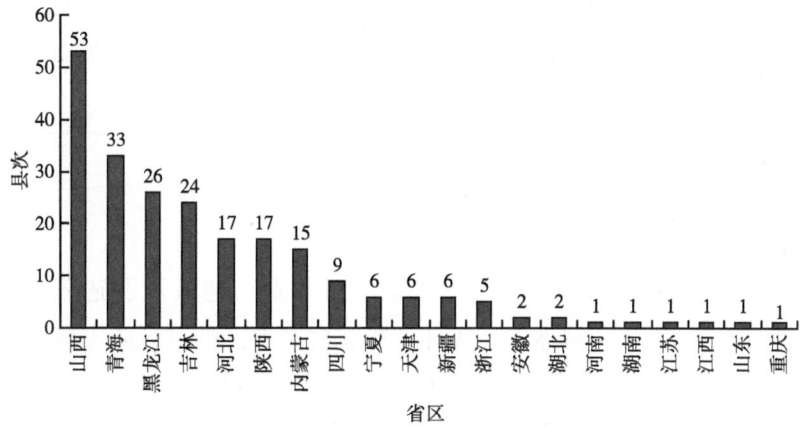

图2-6 中国成灾面积超过2 000 hm²各省区县次分布

冰雹重灾可导致作物绝收，绝收面积代表一次雹灾的损失程度。对绝收面积指标进行统计，多次雹灾绝收面积的平均值为1 201.8 hm²。有60.49%的县次绝收面积小于500 hm²，绝收面积大于1 000 hm²的雹灾县的比例为26.30%，大于5 000 hm²的比例为4.37%。

砸死砸伤人畜、家禽的主要因素取决于雹块大小，统计结果表明，在60年的雹灾记录中，砸伤人的记录有1 665县次，共165 624人受伤，出现砸死人的情况有1 293县次，共8 036人；砸死牲畜的记录有1 165县次（表2-10），累计死亡牲畜466 386头，其中，新疆累计死亡大牲畜数最多，达到197 139头，青海次之，达112 048头，这是由于这两个地区是中国的主要牧区，同时也是大雹多发区，山西、四川、宁夏、内蒙古也较多，同样是牧区的西藏却较少，这是因为西藏海拔高，雹块较小。另外，经过统计，60年来，共321县次有死亡家禽记录，全国因雹灾死亡的家禽数量共3 650 461只。

表2-10　因雹灾死亡大牲畜情况

省份	新疆	青海	山西	四川	宁夏	内蒙古	陕西
死亡大牲畜头（只）数	197 139	112 048	32 301	24 726	19 445	19 038	11 721
省份	云南	吉林	湖南	江西	海南	黑龙江	重庆
死亡大牲畜头（只）数	10 082	10 048	5 752	4 700	2 984	2 586	2 564
省份	西藏	甘肃	河北	贵州	广西	辽宁	山东
死亡大牲畜头（只）数	2 150	1 512	1 443	1 312	1 222	1 103	781
省份	湖北	天津	河南	江苏	北京	福建	广东
死亡大牲畜头（只）数	509	499	330	211	101	59	58

2.2.3.7　承灾体分析

冰雹灾害的承灾体类型包括种植业、林果业、建筑及设施类、家畜、家禽及人类本身等，了解冰雹承灾体的构成对有重点的进行防灾减灾非常重要。在数据库建设中，单独列出了灾情描述字段，对有灾情记录的雹灾进行文字录入，共7 195条灾情描述记录。经过统计分析，我国雹灾承灾体分为5类，即主要作物类、一般作物类、禽畜类、林果类、设施类，另外，人类本身也是雹灾重要的承灾体，单独统计。主要作物包括我国种植广泛的粮食作物、经济作物、油料作物、蔬菜及瓜类；一般作物包括种植地域明显，范围较小的杂粮、薯类、麻类及糖类等；禽畜类包括家禽、家畜、野生鸟类和动物；林果类包括水果类、经济林、苗圃等；设施类包括房屋、通信、电力及交通等。按照受灾次数多少进行排序，得到我国冰雹灾害承灾体类型分布表，见表2-11。

表2-11　冰雹灾害承灾体类型

作物种类	受灾次数	一般作物类	受灾次数	禽畜类	受灾次数	林果类	受灾次数	设施类	受灾次数
小麦	941	蚕豆	68	牛	173	苹果	121	房屋	776
玉米	663	马铃薯	51	猪	91	梨	72	瓦片	267

（续表）

作物种类	受灾次数	一般作物类	受灾次数	禽畜类	受灾次数	林果类	受灾次数	设施类	受灾次数
水稻	612	红薯	50	羊	90	桃	63	电话线	71
油菜	457	荞麦	44	鸟雀	54	枣	61	大棚	42
棉花	438	甜菜	41	鸡	36	核桃	61	玻璃	40
蔬菜	315	向日葵	35	鸭	15	茶树	43	电线	29
烤烟	272	芝麻	28	野兔	14	柑橘	43	汽车	12
瓜类	221	甘蔗	27	鹅	5	柿子	29		
大豆	177	青稞	20	驴	3	葡萄	26		
高粱	153	胡麻	13			橡胶	24		
谷子	129	黍子	10			香蕉	6		
花生	58	莜麦	7			荔枝	6		
		山药	7			苗圃	4		
		黄麻	6			桑树	3		
		绿豆	6			椰子	3		
		红麻	4			花卉	2		
合计	4 436	合计	417	合计	481	合计	567	合计	1 237

从结果可以看出，受冰雹灾害次数最多的承灾体以农业为主，建筑设施类其次，农业中以传统大田种植业、林果业、杂粮和养殖业为主。在主要作物中，小麦受灾次数最多，对我国种植分布最广泛的作物受灾频次由大到小排序，依次是小麦、玉米、水稻、油菜、棉花、大豆和花生，棉花受灾次数438次，排在第五位，虽然棉花受灾次数不是最多的，但因其对冰雹抵抗力较差，脆弱性突出，受灾往往是最严重的，花生虽然种植较广，但其对冰雹的抵抗能力最强，不是特别大的雹块很难对其造成伤害，因此受灾次数较少。另外蔬菜、烤烟因其叶片脆弱易损，受灾次数均超过200次。对于一般农作物来说，其种植有一定的地域性特点，北方地区的蚕豆受灾次数最多，

另外，马铃薯、红薯、荞麦、甜菜、向日葵等受灾也较多，南方地区的麻类受灾次数较少，青藏高原生长的青稞受灾频次排在第9位，承灾体受雹灾次数的差异性与作物分布地域及该地域发生冰雹次数的多寡有关。禽畜类中，家畜受灾次数最多的是牛，受灾次数为173，其次是猪和羊，牛的受灾次数远远大于其他家畜，这是因为牛养殖广泛，是主要劳动力，而且经常暴露在田间，而猪以圈养为主，隐蔽性较好，所以受灾相对较少；家禽受灾次数由多到少是鸡、鸭、鹅，另外鸟雀和野兔也是雹灾的受害者，这和其暴露在野外有关，虽然野生动物受雹灾对经济不会产生损失，但其数量减少本身就破坏了生态平衡。由于鸟雀死亡是衡量雹灾强度的重要指标，因此在案例中多有描述。另外，人类作为特殊的承灾体，在冰雹灾害案例中提到的较多，共529条，和禽畜动物等相比，人类是冰雹最大的承灾体。林果类承灾体中，苹果受灾次数最多，出现121次，是最主要的承灾体，出现次数较多的林果类承灾体以北方为主，苹果、梨、桃、枣、核桃等都比较靠前，南方林果受灾次数较少，最主要的承灾体是茶树和柑橘，另外橡胶树受灾次数也较多，橡胶树在遇到雹灾后可毁坏幼苗，其他如葡萄、香蕉、荔枝、桑树、椰子、花卉等受灾次数较少。设施类中，很多承灾体受损是由风雹共同作用的结果，有些风灾的成分较大，如房屋、电线等，有些承灾体以雹灾损伤为主，如瓦片、蔬菜大棚、汽车等。

在雹灾的灾情描述中某类承灾体出现的频次越多，说明其适应性越差，因此，有必要在多雹区调整土地利用类型，或调整种植业结构来抵御雹灾。另外及时的人工影响天气也可以减少雹灾造成的损失。对我国重要的6种作物（花生对雹灾不敏感，故排除）以20年为一个周期，对1950—1969年、1970—1989年、1990—2009年3个时段进行受灾次数统计，统计结果见表2-12。

表2-12 中国主要种植业雹灾承灾体变化统计

承灾体	1950—1969年		1970—1989年		1990—2009年	
	受灾次数（次）	比例（%）	受灾次数（次）	比例（%）	受灾次数（次）	比例（%）
棉花	140	13.59	213	11.22	85	14.21
玉米	129	12.52	392	20.64	141	23.58

（续表）

承灾体	1950—1969年		1970—1989年		1990—2009年	
	受灾次数（次）	比例（%）	受灾次数（次）	比例（%）	受灾次数（次）	比例（%）
小麦	339	32.91	387	20.38	152	25.42
水稻	156	15.15	386	20.33	64	10.70
大豆	137	13.30	250	13.16	99	16.56
油菜	129	12.52	271	14.27	57	9.53

1950—1969年，这6种作物遭受雹灾的次数由多到少依次为小麦、水稻、棉花、大豆、玉米和油菜，小麦受灾次数占32.91%，玉米和油菜相同，占12.52%。1970—1989年，我国正处在雹灾多发期，灾情信息记录较多，因此各类作物受灾次数较前20年明显增多，6种作物受灾次数由大到小依次为玉米、小麦、水稻、油菜、大豆和棉花，前3种作物受灾次数相差不大，与后3种作物有明显的差距，这说明该时段以粮食作物为主，棉花种植面积变化较多有关。1990—2009年，6种作物受雹灾次数又有变化，由多到少依次为小麦、玉米、大豆、棉花、水稻和油菜，6种作物受灾比例距离拉大，水稻和油菜受灾比例明显减少。

横向来看（图2-7），棉花、玉米、大豆受灾趋势增加，棉花比例从13.9%减少到11.22%，再增加到14.21%，棉花受灾比例增加，这与棉花种植面积增加有关，尤其是新疆棉花种植面积增加较快，从1978年的15.04万hm²

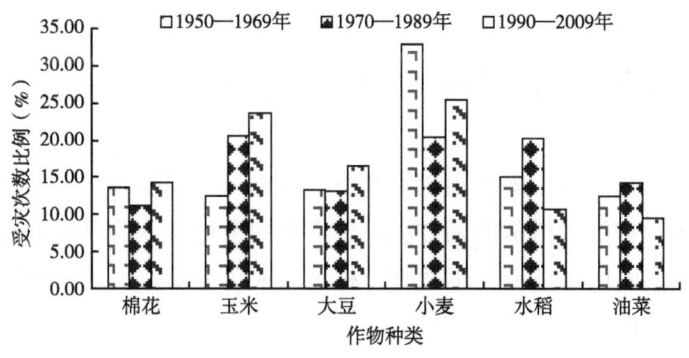

图2-7 中国种植业主要作物受灾次数比例

增加到2007年的178.26万hm^2，占全国的1/4。种植面积的变化直接影响灾情的放大或缩小；玉米雹灾比例增加的趋势显著，这与我国玉米种植的广泛性以及地膜玉米种植发展有关，地膜覆盖种植方法使其生长期提前，加大了冰雹成灾的时间段；大豆增加趋势也比较明显。小麦、水稻和油菜受雹灾次数总体趋势减少，虽然小麦受雹灾比例有所减少，但其作为雹灾第一大承灾体的位置没有变化，水稻油菜减少也和种植面积及雹灾多寡变化有关。

通过对冰雹灾害各种指标的分析，对冰雹的本质及灾情数据范围有了更深的认识，各个指标的数值区间为致灾强度指数的判断奠定了数据基础。通过对承灾体的分析，认识了雹灾敏感性较强的作物种类，对土地利用结构优化调整及防灾减灾有重要的应用价值。分析结果表明棉花是冰雹灾害的主要承灾体，受灾次数呈增加趋势，因此，选择棉花作为承灾体进行雹灾风险研究具有重要的意义。

2.3 制图规范

本研究基于地学信息图谱理论，应用Arcgis软件，编制了一系列地图和图谱。在空间和时间上表达动态地理信息。在图谱编制过程中，统一制图原则，在表示方法上进行规范。

2.3.1 制图设计的基本原则

地图编制是本研究应用较多的一种技术手段，在时间维和空间维度上，图谱信息可以直观地表达动态变化的特征。在图谱编制过程中，遵循了以下一些原则。

①在图例分级和分层设色时，突出雹灾多发区、高风险区、高费率区等重点区域的显示。

②图谱中每一幅地图采用相同底图、比例尺及图幅。

③从感受特征和科学内涵方面对图谱系列进行统一的色系处理。

④圈定制图区域范围，不适宜植棉区用灰色显示；中国台湾地区没有数据，用白色处理。

2.3.2 地图表示方法

冰雹灾害不同系列的图谱采用不同的色系，对于分级级别较多的地图色系采用2~3个色系进行过渡转换。

对棉花不同生育期采用不同的色系，分级设色时只改变低级别的色系，重点区域的色系全部用红色表示。棉花全生育期低级别用天蓝色表示；苗期用墨绿色系表示；蕾期用海蓝色系表示；铃期用棕色系表示；吐絮期用灰绿色系表示。分色系的主要目的是棉花不同生育期分期明了，便于识别，色系与棉花生长过程的特点没有必然联系。

在图谱编制过程中，为了便于比较分析，按指数分级法，将不同时间段的每一幅地图分为数量相同的级别，系列级别的指数值范围相等。在全国冰雹灾害时空格局变化分析，棉花生长全期及分生育期的图谱系列中得以体现。

2.4 本章小结

本章基于《中国自然灾害报刊库》《中国气象灾害大典》《中国气象灾害年鉴》《中国减灾》以及互联网雹灾案例搜索，构建了中国冰雹灾害案例数据库（1950—2009年）。对数据库中的冰雹大小、持续时间、积雹厚度、人畜伤亡、绝收面积等致灾指标及灾情指标进行了统计分析，对案例中涉及的承灾体信息进行了归纳总结。认识了我国60年来的整体降雹特点，致灾和灾情损失状况，为综合确定单场雹灾的致灾指数提供基本依据。

分析结果显示，冰雹直径大小主要集中在10~20 mm，最大直径值集中在30~70 mm，降雹持续时间多在5~15 min，降雹范围的平均值为171.48 km^2，降雹密度集中在100~500粒/m^2，覆盖厚度主要集中在5~10 cm。冰雹承灾体具有南北差异性，与作物种植范围及脆弱性有关。统计结果表明，大冰雹出现次数最多的是安徽省；单场冰雹持续时间最长的是湖南省；冰雹覆盖厚度超过20 cm的案例中，新疆发生次数最多；山东、山西的雹灾受灾面积比较大；因雹灾而死亡的牲畜数量最多的是新疆和青海，牛受到冰雹的威胁最大；种植业中，小麦是雹灾最主要的承灾体，在经济作物中，棉花位居首位，是最为脆弱的冰雹承载体。

风险地图的表达对象是具有时间和空间地理属性的区域，表达的核心内容是灾害风险水平的区域差异。图谱是一系列相互联系的地图组合，本章对图谱制图设计的基本原则及图例的表示方法进行了概述。

第3章　中国冰雹灾害时空格局分析

本章根据中国冰雹灾害案例数据库（1950—2009年），在地级市地理单元水平下，采用经验正交函数分析方法（EOF），对中国地级市冰雹灾害时空格局变化进行了典型场分析。在县域地理单元水平下，采用图谱分析的方法，通过统计降雹县次、发生时间，绘制了我国冰雹灾害的年际变化、季节变化和日变化系列图谱，分析了中国县域冰雹灾害的时空分布规律，研究结果为防雹减灾工作提供了科学依据。

3.1 中国雹灾典型场分析

采用经验正交函数（EOF）方法，基于地级市地理单元，对中国雹灾时空格局变化进行了分析，可以很好地揭示60年来我国的雹灾变化规律及雹灾多发中心的分布情况。

3.1.1 经验正交函数（EOF）的原理与算法

经验正交函数分析方法（Empirical orthogonal function，缩写为EOF），也称为特征向量分析（Eigenvector analysis），或者主成分分析（Principal component analysis，缩写为PCA），是一种分析矩阵数据中的结构及特征，提取主要数据特征量的一种方法。Lorenz在20世纪50年代首次将其引入气象和气候学研究，现在在地学及其他学科中也得到了非常广泛的应用。该方法使用少数空间分布模态描述原变量场特征，少数模态基本涵盖了原变量场的信息。经验正交函数（EOF）分析方法将原变量场通过正交分解，变为时间矩阵与空间矩阵的乘积。具体的计算步骤如下。

选定需要分析的数据，数据进行预处理，一般处理成距平的形式。得到一个数据矩阵$X_{m \times n}$，即：

$$X = \begin{bmatrix} x_{11} & \cdots & x_{1j} & \cdots & x_{1n} \\ \cdots & \cdots & \cdots & \cdots & \cdots \\ x_{i1} & \cdots & x_{ij} & \cdots & x_{in} \\ \cdots & \cdots & \cdots & \cdots & \cdots \\ x_{m1} & \cdots & x_{mj} & \cdots & x_{mn} \end{bmatrix} \qquad 式（3-1）$$

式中，m为空间点（地级市）；n为时间点（年份）；x_{ij}为第i个空间点（地级市）的第j个时间点（年份）的值（雹灾频次）。经验正交函数展开，就是将变量场矩阵X分解成空间函数V和时间函数T两个部分的乘积之和，即：

$$X = V \times T \qquad 式（3-2）$$

计算X与其转置矩阵X^T的交叉积，得到方阵

$$C_{m \times n} = \frac{1}{n} X \times X^T \qquad 式（3-3）$$

如果X是已经处理成了距平的话，则C称为协方差阵；如果X已经标准化（即C中每行数据的平均值为0，标准差为1），则C称为相关系数阵。

计算方阵C的特征根（λ_1；…；m）和特征向量$V_m \times_m$，二者满足

$$C_{m \times m} \times V_{m \times m} = V_{m \times m} \times \wedge_{m \times m} \qquad 式（3-4）$$

其中$\wedge$是$m \times m$维对角阵，即：

$$\wedge = \begin{bmatrix} \lambda_1 & 0 & \cdots & 0 \\ 0 & \lambda_2 & \cdots & 0 \\ \cdots & \cdots & \cdots & \cdots \\ 0 & 0 & \cdots & \lambda_m \end{bmatrix} \qquad 式（3-5）$$

一般将特征根λ按从大到小的顺序排列，即$\lambda_1 > \lambda_2 > \cdots > \lambda_m$。因为数据$X$是真实的观测值，所以$\lambda$应该大于或者等于0。每个非0的特征根对应一列特征向量值，也称EOF。如λ_1对应的特征向量值称为第一个EOF模态，也就是V的第一列，即$EOF_1 = V(:, 1)$；第λ_k对应的特征向量是V的第k列，即$EOF_k = V(:, k)$。

计算主成分。将EOF投影到原始资料矩阵X上,就能够得到所有空间特征向量对应的时间系数(即主成分),即:

$$pc_{m \times n} = v_{m \times m} \times x_{m \times n} \qquad 式(3-6)$$

其中PC中,每一行数据就是对应每个特征向量的时间系数。第一行PC(1,:)就是第一个EOF的时间系数,其他依此类推。

上面是对数据矩阵X进行计算而得到的EOF和主成分(PC),因此,利用EOF和PC也可以完全恢复原来的数据矩阵X,即:

$$X = EOF \times PC \qquad 式(3-7)$$

有时用前面最突出的几个EOF模态,就可以拟合出矩阵X的主要特征。此外,EOF和PC都具有正交性的特点,不同的PC之间相关性为0。$E \times E = I$。I为对角单位矩阵,即对角线上的值为1,其他元素都为0。这表明各个模态之间的相关性为0,是相互独立的。

由上面的计算过程可以看出,EOF分析的核心是计算矩阵C的特征根和特征向量。计算矩阵的特征根和特征向量的方法有很多,本研究采用的是在Matlab中进行EOF分析的两种方法。

显著性检验

可以证明

$$\sum_{i=1}^{m} \overline{X_i^2} = \sum_{k=1}^{m} \lambda_k = \sum_{k=1}^{m} \overline{PC_k^2} \qquad 式(3-8)$$

这说明矩阵X的方差大小可以用特征根的大小来简单表示。λ越高说明其对应的模态越重要,对总方差的贡献率越大。第k个模态对总的方差解释率为

$$R_k = \frac{\lambda_k}{\sum_{i=1}^{m} \lambda_i} \times 100\% \qquad 式(3-9)$$

在分析中保留的模态数目,并没有严格规定,这取决于分析目的。一般取满足North准则,即在95%的置信水平下,两个相邻特征根之间的误差范围不存在重叠。

$$\Delta\lambda = \lambda\sqrt{\frac{2}{N^*}} \qquad \text{式（3-10）}$$

式中，λ 为特征根；N^* 为数据的有效自由度，$N^*=N-2$。

3.1.2 结果分析

根据上述EOF对数据资料的处理方法，对全国地级市1950—2009年60年间的降雹频次进行排列并做EOF展开，来进行中国雹灾空间分布格局分析。之所以选择地级市，是因为该方法要求区域内的数据不能为零，而在县级单元水平下，很多县并没有降雹记录，数据为零，因此，将县级单元的数据归并到地级单元标准，从而满足EOF方法的计算条件。经过EOF分解计算，前8个特征向量的累积方差贡献率为76.03%（表3-1），因此取前8个特征向量作为典型场。各典型场及其时间系数的变化特征如图3-1。

表3-1　典型向量场贡献率和累积贡献率　　　　　　　　　单位：%

典型场	1	2	3	4	5	6	7	8
贡献率	53.42	5.35	4.47	3.61	2.75	2.47	2.18	1.77
累积贡献率	53.42	58.77	63.24	66.85	69.6	72.07	74.25	76.02

3.1.2.1 第一典型场

第一典型场的方差贡献率为53.42%。全国200余个地级市中，均为正值，说明全国所有地级市降雹变化方向一致，要增加都增加，要减少都减少。其中黄土高原、海河平原、淮河平原、河西走廊、阿克苏地区、四川盆地等为全国雹灾的频发中心，其他地区雹灾发生次数相对较少（图3-1a）。上述空间分布格局与我国地势地貌格局具有显著一致性。

由于时间系数的演变反映了特征向量场的年际变化特征，其值的大小（包括正负）还反映这种空间型在不同年份所占权重的大小。由图3-1a可以看出，1950—2009年的60年间的时间系数均为正值，说明从1950年开始这种模态稳定，降雹频次总体上一直处在增加的趋势。其中从1950—1955年呈现下降趋势；1956—1987年呈现波动上升趋势，且在1987年达到最高，为98.65；1987—2009年呈现波动下降的趋势，且在2009年下降至最低，约为5.83。因此，全国雹灾发生概率在1950—1955年和1987—2009年呈下降趋势，且2009年雹灾发生概率最低；在1956—1987年全国雹灾发生概率具有增加趋势，且在1987年雹灾发生概率最高。

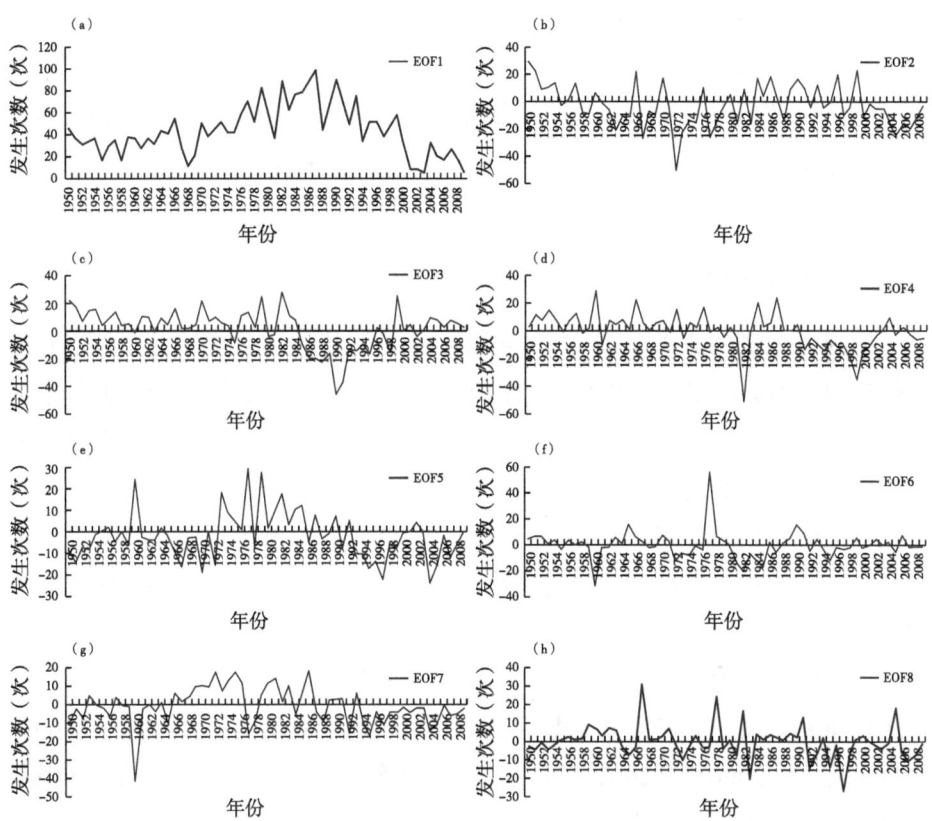

图3-1　中国雹灾典型场时间系数变化

3.1.2.2　第二典型场

第二典型场的方差贡献率远远低于第一典型场的贡献率，仅为5.35%。从第二特征向量空间分布特征看，整体以秦岭—淮河一线为界，呈现南北反方向变化，其中为负值的地级市180个，正值的32个。秦淮线以南的地区几乎全为负值，负值中心为四川盆地和淮河平原等地区；在秦淮线以北的地区，自东向西负值和正值相间分布，正值中心为黄土高原地区。

由第二特征向量的时间变化系数可知（图3-1b），1950—1963年时间系数呈下降趋势，其中1950—1954年、1956年、1957年和1960年时间系数为正，其中1950年的时间系数为29.43，是这60年间的最大值。这表明，这些年份我国秦岭淮河以南多数地区降雹呈现减少趋势，而以北地区多呈现增加趋势；1955年、1958年、1959年、1961—1963年的时间系数为负，上述年份中我国冰雹增减趋势空间格局与时间系数为正值时恰好相反。1964—1999年时间系数呈现波动性变化，且1966—1972年波动性最大，其中1972年时间系数最小为-51.79，说明该年份南方地区降雹达到最高峰；2000年后时间系数均为负值。因此，1950年和1972年分别是第二模态的两个最典型空间场。

3.1.2.3 第三典型场

第三典型场的方差贡献率为4.47%。从第三特征向量空间分布特征看，整体东中西差异明显，其中为负值的地级市112个，正值的100个。西部地区各地市均为负值，且阿克苏地区是全国的一个负值中心；中部地区大部分地市为正值，正值的高值中心位于陕西东部和北部、重庆、贵州北部；东部地区正负值南北相间分布，正值中心集中在安徽省和江苏省西北部地区。

由第三特征向量的时间变化系数可知（图3-1c），1950—1984年的35年间绝对大多数年份的时间系数为正，仅1960年、1963年、1975年、1980年和1981年时间系数为负，且从1950—1960年具有逐渐减小的趋势；1985—1998年的14年间，仅1996年时间系数为正，其余时间系数均为负；1999—2009年的11年间，除2000年和2002年外，时间系数均为正。其中1990年的时间系数是这60年间的极小值，为-46.84；1982年的时间系数是这60年的极大值，为28.83。当时间系数为正时，阿克苏等负值区域雹灾发生次数呈减少趋势，而陕西东部和北部、重庆、贵州北部和安徽省和江苏省西北部地区等地区呈增加趋势；当时间系数为负值时，上述变化趋势恰好相反。

3.1.2.4 第四典型场

第四典型场的方差贡献率为3.61%。从第四特征向量空间分布特征看，中东部大部分地市以正值为主，西部地区以负值为主，其中为负值的地级市92个，正值的120个。正值中心分布在西南地区、黄土高原地区、淮河平原区和福建丘陵区；负值中心分布在河西走廊地区。

由第四特征向量的时间变化系数可知（图3-1d），1950—1990年的41

年间，时间系数多为正值，仅个别年份为负值；从波动性大小来看，1950—1980年的时间系数波动较小，1981—1983年波动较大；时间系数的极大值和极小值均出现在这40余年间，分别为1960年的28.38和1982年的-51.1。1991—2002年的时间系数均为负值，且在1991—2000年具有下降的趋势；2003—2009年，仅2003年、2004年和2006年这3年的时间系数为正，其余均为负。因此，当时间系数为正值的这些年份中，黄土高原、淮河平原、四川、重庆、贵州、福建等地区雹灾发生概率呈增加趋势，其余地区呈减少趋势，其中西南地区、黄土高原地区、淮河平原区和福建丘陵区增加最多，而负值中心分布在河西走廊地区减少最大；当时间系数为负时，空间变化格局与上述相反。

3.1.2.5 第五典型场

第五典型场的方差贡献率为2.75%。从第五特征向量空间分布特征看，为正值的地级市多分布于第二、第三阶梯分界线两侧。此线以东以南地区集中分布了低值地区，以西的地级市较多为正值，其中为负值的地级市126个，正值的86个。黄土高原和川西山地为该模态的正值中心；华北平原、四川盆地和云贵高原为该模态的负值中心。

由第五特征向量的时间变化系数可知（图3-1e），1950—1960年的时间系数呈增加趋势，其中除1955年和1960年的时间系数为正值外，其余均为负值；1961—1992年的时间系数呈现波动性变化，其中1961—1972年时间系数均为负值，1973—1992年绝大多数时间系数为正值，且在1976—1980年的时间系数波动较大；1993—2009年的时间系数多为负值，其中1993—1997年时间系数呈减少趋势，1998—2001年时间系数呈增加趋势，2004年降到最低后，呈现增加趋势。从这60年来看，时间系数的极大值和极小值分别为1977年的29.79和2004年的-24.17。因此，当时间系数为正时，该模态下，黄土高原和川西山地为降雹增加最多的地区，华北平原、四川盆地和云贵高原为减少最多的地区；若时间系数为负，降雹增减变化空间格局与时间系数为正时恰好相反。

3.1.2.6 第六典型场

第六典型场的方差贡献率为2.47%。全国为正值的地级市共有91个，主要集中在北方地区，以华北平原和黄土高原最为集中，是全国的正值中心。负值的地级市有121个，空间分布区域相对较为零散，以华南地区最为集中，其中黄淮海平原、南岭等地区为负值中心。

由第六特征向量的时间变化系数可知（图3-1f），除1960年和1977年外，其余年份时间系数变化波动较小。1950—1959年的时间系数呈现逐渐减少的趋势，1961—1965年呈现逐渐增加的趋势，上述时间段内除个别年份外，时间系数多为正值；1971—1986年，除1977年外，时间系数均为负值；1986—1991年的时间系数呈增加趋势；1992—2009年的18年间，时间系数正负均有发生，呈微小波动。从这60年来看，极大值和极小值分别为1977年的55.73和1960年的-31.41。当时间系数为正时，华北平原和黄土高原为雹灾发生次数增加最多的区域，黄淮海平原、南岭等地区为雹灾发生次数减少最多的区域；当时间系数为负时，雹灾增减变化的空间格局与系数为正时的空间格局恰好相反。

3.1.2.7 第七典型场

第七典型场的方差贡献率为2.18%。从第七特征向量空间分布特征看，为正值的地级市呈团块状分布，为负值的地级市以插花的形式分布其中间，其中为负值的地级市有119个，为正值的地级市93个。正值的高值中心集中分布在淮河平原、东北平原、京津地区等；负值的低值中心主要集中在黄土高原。

由第七特征向量的时间变化系数可知（图3-1g），1950—1965年和1994—2009年这个时间段，除1953年和1957年的时间系数为负值外，其余年份时间系数均为正值，因此，该时间段内，降雹频次增加最多的区域集中在淮河平原、东北平原、京津地区，而减少最多的地区集中在黄土高原等地区。与上述两个时间段相比，1966—1993年的时间系数年际波动较大，除个别年份外，大部分年份的时间系数为正值，该时段内降雹频次增减格局与时间系数为正时恰好相反，淮河平原、东北平原、京津地区为减少最多的地区，而黄土高原等为增加最多的地区。就60年的时间变化来看，极小值为1960年的41.80，极大值为1986年的18.09。因此，1960年和1986年分别是上述两种空间格局最为典型的年份。

3.1.2.8 第八典型场

第八典型场的方差贡献率为1.77%。该模态的空间分布形态与我国大地貌格局吻合,其走向主要受山地的控制,其中为负值的地级市有125个,正值的87个。该模态下的正值中心主要集中在内蒙古的呼伦贝尔盟、辽河平原、天津、河北滨海平原、山东半岛丘陵区、重庆和湖北西部、安徽北部以及云南东部等地区。该模态下的负值中心主要集中在华北平原、贵州高原、河西走廊和江西、湖北等地。

由第八特征向量的时间变化系数可知(图3-1h),1950—1965年,时间系数呈现先增加再减少的趋势,其中1955—1963年时间系数为正值,其余年份均为负值,1959年为这一时段的极大值,时间系数为8.83;1966—1983年呈波动性变化,且部分年份波动性较大,波动性最大的为1966年和1967年,时间系数相差达34.16;1983—1991年的时间系数均为正值;1992—2009年的18年间,除1994年、1999年、2000年和2005年外,其余年份时间系数均为负。总体来看,这60年间的时间系数极大值为1967年的30.71,极小值为1997年的-26.38。因此,时间系数为正时,该模态下的降雹概率增加最多的区域主要集中在内蒙古的呼伦贝尔盟、辽河平原、天津、河北滨海平原、山东半岛丘陵区、重庆和湖北西部、安徽北部以及云南东部等地区,减少最多的区域集中在华北平原、贵州高原、河西走廊和江西、湖北等地;当时间系数为负时,空间格局恰好与此相反。

通过经验正交函数(EOF)方法,分析了我国8个雹灾模态场的变化规律,得出以下认识。我国降雹空间分布存在一个稳定的降雹格局,即第一模态,其贡献率远远高于其他7种模态,高发中心在黄土高原、海河平原、淮河平原、河西走廊、伊犁地区、四川盆地等,且在1987年达到降雹高峰。在主体模态下还存在着其他降雹分布情景,如四川盆地与山西高原呈对应关系,1972年四川盆地降雹达到高峰,而山西则为低谷,这种模态概率只有5.35%,虽然不显著,但确实存在。

3.2 年际变化

基于中国县域雹灾案例数据库,以年为时间单位,对我国降雹频次进行统计，编制了一系列图谱，采用图谱分析法，分析了我国降雹年际时空变化规律。

3.2.1 时间变化

以年为单位进行统计（图3-2）发现，1950—2009年，我国冰雹灾害年发生县次变幅较大，达5.07倍，最高年份是1987年，发生冰雹灾害的有979个县次以上，最低年份是1968年，发生雹灾仅有193县次。

中华人民共和国成立以来，中国发生冰雹灾害的县次波动性较为明显，呈现出3个波段。第一个波段是1950—1968年，呈现先稳后增再减的态势，1950—1958年我国发生冰雹灾害的县次比较稳定，平均每年为274县次，1958年雹灾县次开始快速增加，1964年达到一个高峰，该年雹灾县次为550次，随后发生雹灾的县次开始减少，到1968年达到最低值，形成波谷；第二个波段是1969—2001年，跨度32年，呈现振荡性增加再振荡性减小的形态，1969—1987年，雹灾县次呈增长趋势，1987年达到波峰，随后开始逐渐减少，到2001年形成波谷，该年发生雹灾为310县次；第三个波段是2002—2009年，这个小波段波动较大，基本处在低值区，年均雹灾频次为393次。

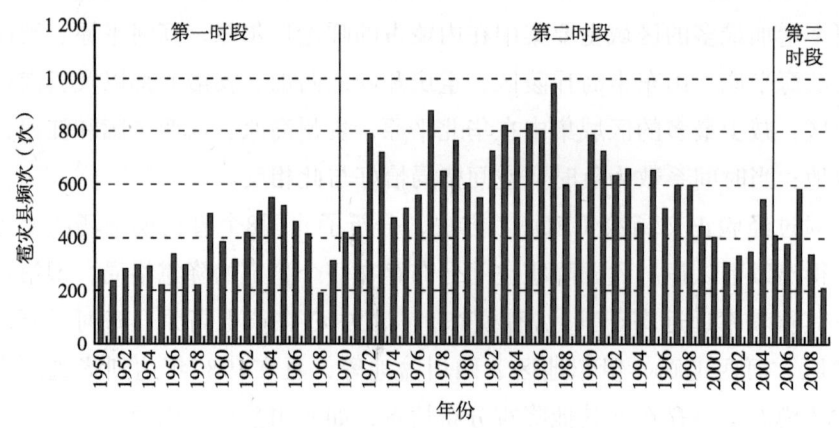

图3-2 中国冰雹灾害频次年际变化（1950—2009年）

总体上看，1987年是我国发生雹灾县次趋势的分水岭，1987年以前，我国冰雹灾害县次总体呈上升趋势，1987年之后，冰雹灾害县次呈下降趋势。20世纪70年代到90年代中期是我国的冰雹高发期，其中，1972年、1977年、1983年、1985年、1987年是我国的多雹灾年。1950—1971年，全国冰雹灾害发生相对较少，1958年和1968年冰雹灾害记录不足200县次。中国雹灾频次变化规律与采用EOF方法中得到的第一模态时间变化基本一致，得到了相互印证。

3.2.2 分省雹灾年际变化

中华人民共和国成立以来，各省逐年发生冰雹灾害的县次数变化趋势并不一致，且存在很大差异，见图3-3。北京、天津、山西等省区雹灾先增后减，在20世纪80年代中期至90年代初达到最高峰，1985年、1987年、1991年是多雹年，三省市在1968年出现少雹年。安徽、江苏、福建、四川等省份雹灾高峰期则发生在20世纪70年代，1972年以前安徽雹灾次数呈增长趋势，1972年之后降雹明显减少，1964年、1967年、1972年出现高峰，江苏在1974年、1979年是多雹年，福建1970年达到降雹低谷，之前降雹县次较少，之后开始增加，1987年达到高峰，四川降雹变化与全国基本一致，但在1972年呈现激增状态，雹灾县次远高于其他年份，是全国平均雹灾县次的3倍。河北、河南、甘肃、宁夏、重庆、贵州和云南等省市多雹灾年突发性较强，并呈现出明显的周期性，河北表现出10年一周期的多雹年规律，1965年、1977年、1988年、1998年、2008年是多雹年。内蒙古雹灾发生周期也比较明显，较为平稳，少有大起大落的现象。陕西在1978年是历史雹灾最高年，1992—1998年降雹明显减少。黑龙江降雹高峰集中在1983—1992年，1990年达到降雹高峰，吉林降雹高峰集中在1973—1984年，1981年达到降雹高峰，受环渤海影响，辽宁雹灾历年较多，1955年、1963年、1964年、1978年、1980年、1986年、1991年是雹灾多发年。湖南、湖北、上海、浙江、江西、广东、广西、海南雹灾县次相对较少，多雹年份跳跃性较强，有些年份基本无雹灾，如广东在1950—1970年雹灾很少，1971年、1978年和1985年是多雹年，且逐渐增加，且出现5年一个周期的变化规律，1985年之后，降雹再次减少，2007年出现一个多雹年。西藏虽然是我国的降雹中心，但不是雹灾多发地，1990年之后，随着经济的发展，西藏雹灾开始增加，2000年出现高峰。青海在1961年、1982年、1999年出现多雹灾年，周期18年。山东在1991年之前雹灾相对较少，1991年之后雹灾明显增多。新疆雹灾变化呈稳步增长状态，1950—1970年出现一个小波段，1970年之后雹灾逐年增加，1990年达到最高峰，之后开始逐年下降。

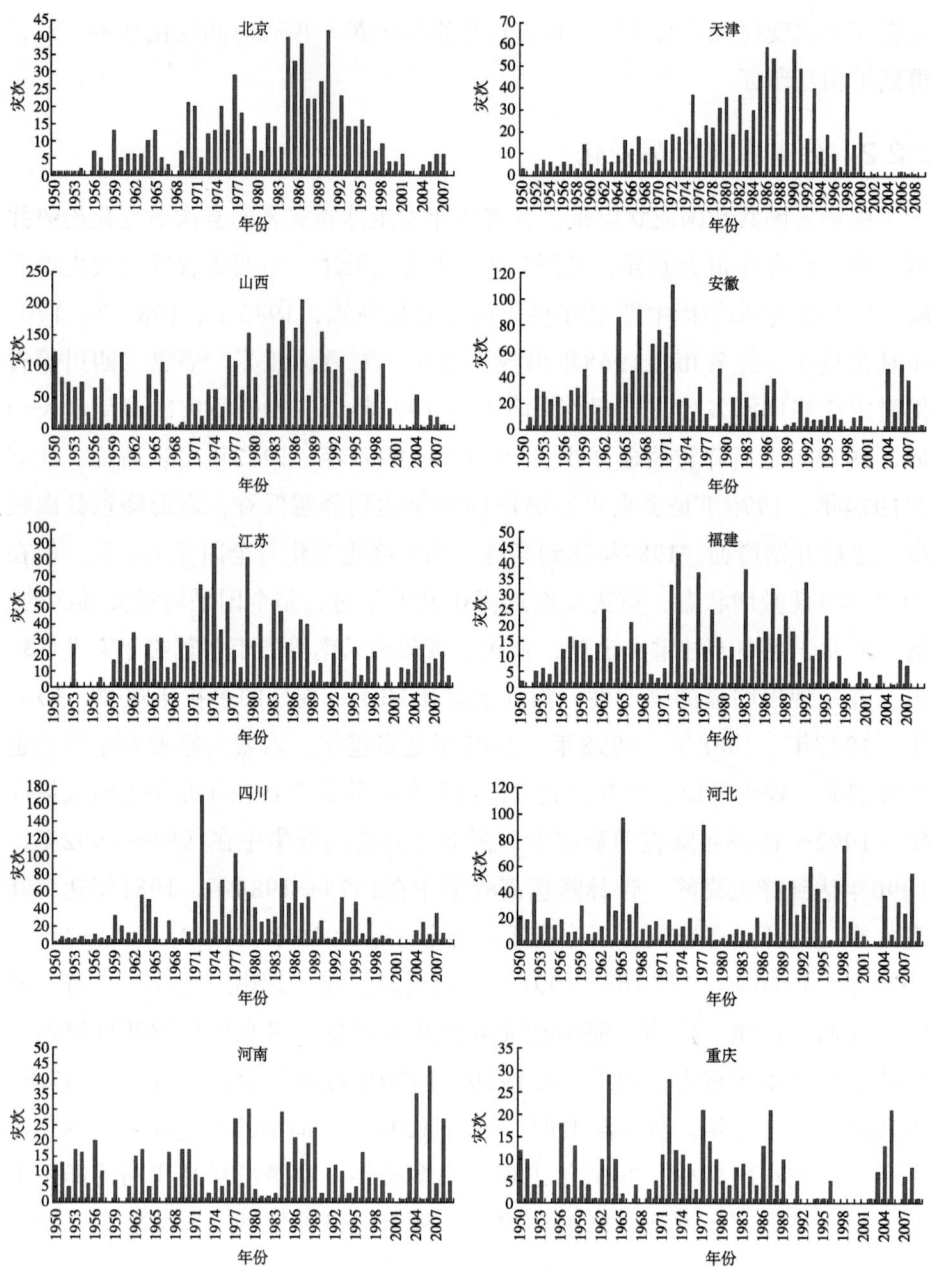

图3-3 中国分省雹灾年际变化图谱

注：未统计中国香港、中国澳门、中国台湾地区。

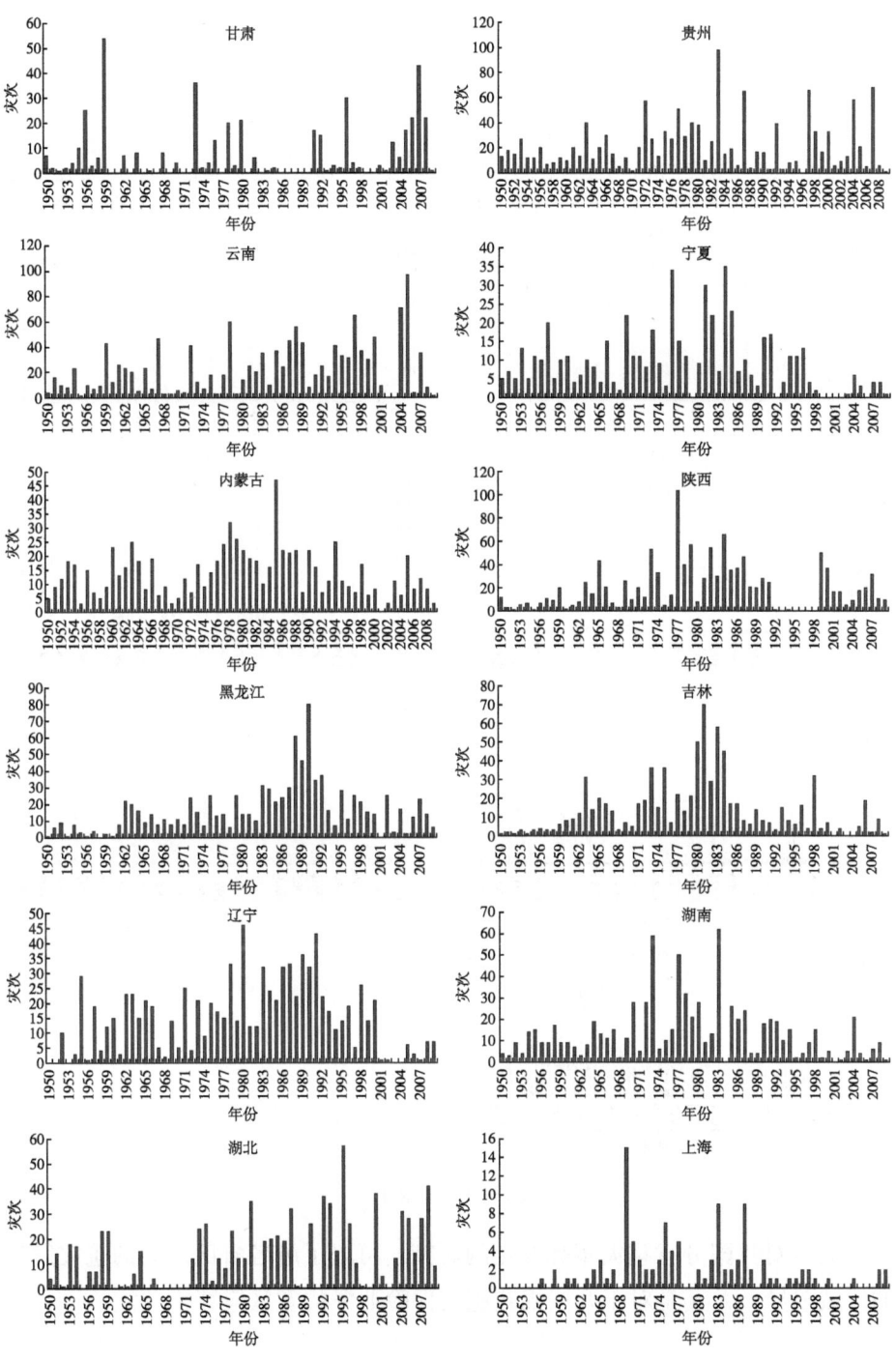

图3-3 （续）

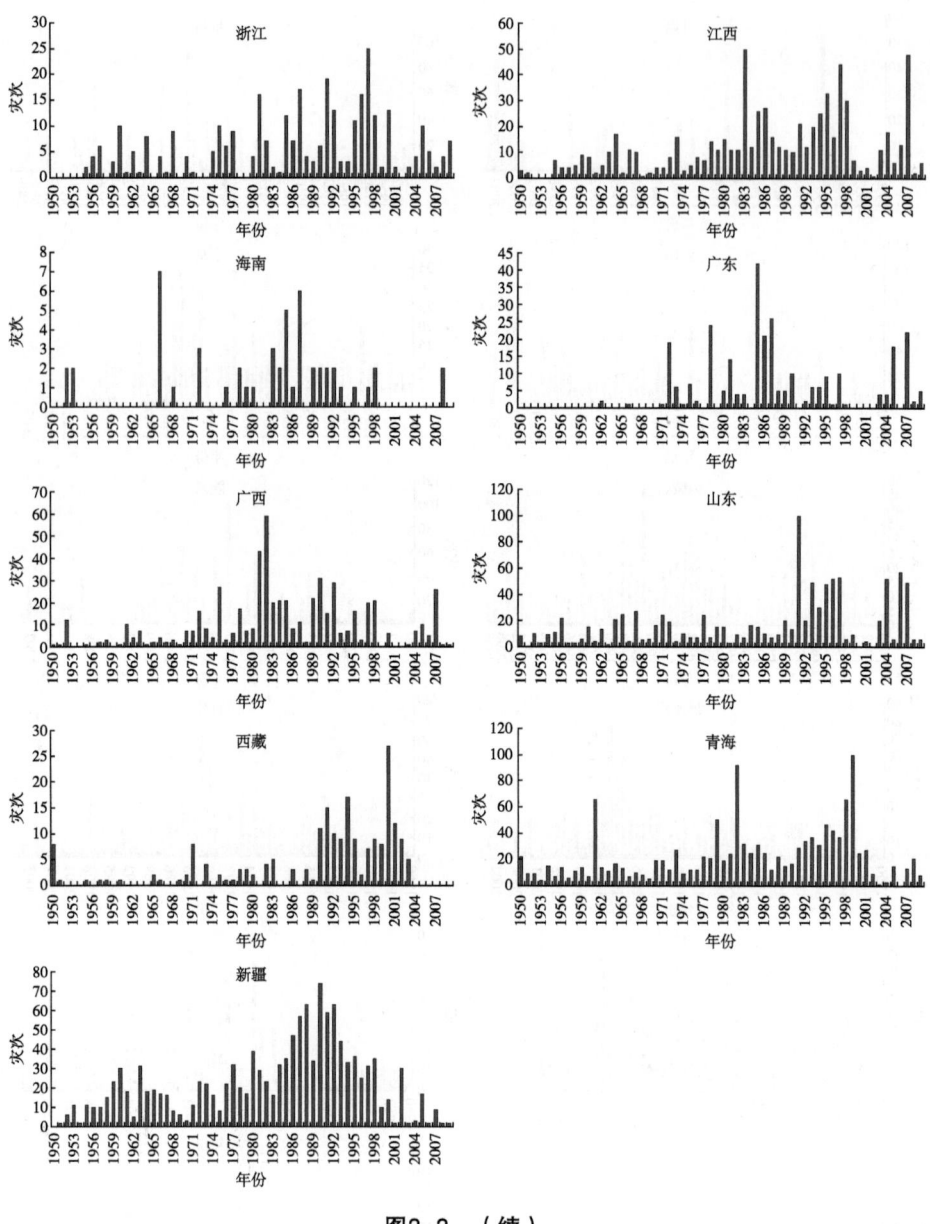

图3-3 （续）

通过对我国分省雹灾年际变化的研究，可以了解各省区之间的雹灾发生的区域差异，尤其是对于开展棉花雹灾保险业务的省区应特别关注。

3.2.3 空间变化

关于中国冰雹致灾因子的区域分析研究较多，研究结果表明，中国冰雹致灾因子分布规律是高原、山地多，而平原较少；迎风坡较多，背风坡较少；地表地貌形态复杂的地方多，地表单一的地方少。多雹地区有：青藏高原区，是我国雹灾最多，范围最大的地区；天山及祁连山地区；阴山及燕山地区；大小兴安岭及长白山地区；云贵高原和黄土高原地区。中国冰雹致灾因子的总体分布格局是西多东少，冰雹多发区域比较稳定。总的来说，我国降雹的地理分布特征是：青藏高原是全国降雹最多的地区，在青藏高原以东地区多雹区和少雹区基本上是成带分布、相间出现的。南方降雹日数较少，北方较多（刘全根，汤懋仓，1966）。

降雹与冰雹灾害是两个不同的概念，冰雹灾害与降雹出现频数并不完全一致，而与当地的经济发展和作物生长状况关系密切（王静爱，1999）。多降雹区与多雹灾区空间分布相对吻合（青藏高原除外），均为地形高低过渡地带且复杂的气流不稳定区。基于中国冰雹灾害案例数据库，编制60年中国冰雹灾害分布格局图，中国1950—2009年冰雹灾害的总体分布形成了两带多中心的格局（彩图1），第一条冰雹带从东北到西南沿大兴安岭、燕山、太行山、大巴山、武陵山、云贵高原形成中间多雹灾带，和胡焕庸人口分界线基本一致，这条带地形复杂，有利于冰雹天气的形成；另一条冰雹带从西南到福建丘陵区，沿云贵高原、幕阜山、天目山、武夷山断断续续的形成华南多雹灾带。

我国雹灾多发中心有8个，分别是以辽宁、北京、天津、河北和山东为主的环渤海雹灾中心，该区雹灾次数在20次以上的县有59个，县均雹灾48次。从各县来看，天津的蓟县、宝坻、宁河，北京延庆、怀柔等地雹灾次数超过100次，其中蓟县最多，达217次，另外，辽宁阜新、建昌，河北涞源、黄骅，山东安丘、临朐雹灾也很频繁。

以山西、关中平原、宁夏南部为主的黄土高原雹灾中心，研究期雹灾次数超过20次的县多达98个，县均雹灾44次。从各县来看，山西的昔阳、灵丘、和顺、寿阳、左权、榆次和宁夏固原县雹灾次数超过100次，其中昔阳最多，达252次之多，昔阳因此堪称中国的"雹窝子"。

以四川东部、湖南西北、湖北西部为主的华中多雹灾中心，研究期雹灾次数超过20的县有39个，县均雹灾31次，其中四川宣汉、冕宁、阿坝、达县雹灾次数超过50次。

以贵州大部及云南东北部为主的云贵高原多雹灾中心，研究期雹灾次数超过20次的县有39个，县均雹灾32次，其中云南的宣威雹灾次数最多，超过100次，另外贵州的盘县、遵义、晴隆等县雹灾次数超过50次。

以江苏、安徽为主的江淮平原多雹中心，这一地区农业发达，降雹容易致灾，研究期雹灾次数超过20的县多达68个，县均雹灾29次，其中安徽宿州、黄山，江苏淮安、如皋雹灾次数超过40次。

以阿克苏、伊犁、天山北坡为主的新疆雹灾多发中心，研究期雹灾次数超过20的县有22个，县均雹灾41次，其中乌什县最多，达72次，阿克苏、温泉、新和、阿瓦提等县的雹灾次数超过50次。

以内蒙古东部、吉林西部和黑龙江中南部为主的东北平原多雹灾中心，研究期雹灾次数超过20的县有25个，县均雹灾31次，庆安、巴彦、宾县、大安等县的雹灾次数超过40次。

以青海东部、青海南部玉树地区、四川西北部为主的青藏高原多雹灾中心，研究期雹灾次数超过20的县有24个，县均雹灾66次，其中湟中县最多，达172次，青海省的互助、湟源、民和等县雹灾超过100次，另外，四川阿坝、壤塘县，青海囊谦县、化隆县雹灾次数都超过70次之多。

这一研究结果与王静爱（1998）所揭示的风雹灾分布西少中多，南北少，以及华北、陕甘宁、苏沪、鲁中、川黔滇、浙鄂、豫中、吉黑8个多发区的格局有一定的相似性。这些多雹灾区与我国季风区分布、地形特点及多暴雨区基本相符，另外由于东部季风区是我国主要的农业区，降雹次数虽不及西部多，但降雹多发期正出现在农作物生长的关键时期，因此，损失要比西部严重得多。我国雹灾较少的地区分布在广东、海南、内蒙古中西部、青藏高原和河南东南部。西藏的一江两河地区这些年雹灾开始增加，这与其经济发展，承灾体范围扩大有关。

将我国多雹中心与我国适宜植棉区分布进行对照分析，可以看出除了青藏高原多雹中心及东北平原多雹中心外，其他多雹中心都分布在我国的适宜植棉区内，新疆西部雹灾多发中心正处在西北内陆棉区的棉花生产基地，如阿克苏和克拉玛依地区；黄河流域棉区及北方特早熟棉区雹灾频发，黄土高原多雹中心及环渤海多雹中心基本上完全分布在这个棉区；长江流域棉区有4个多雹中心；华南棉区的多雹中心在云贵高原。由此可以看出，我国的棉花种植区完全暴露在多雹灾中心，由于棉花植株的脆弱性较大，冰雹灾害对棉花的损害比其他大田作物如小麦、玉米、水稻更为严重。

以30年为一个周期，分为2个时间段进行统计，对我国雹灾分布变化情况进行分析，结果发现1950—1979年我国的雹灾分布总体上符合两带多中心的规律。1980—2009年，我国多雹灾区分布范围变化较为明显，部分地区有所收缩，如安徽雹灾减少趋势显著，福建雹灾有所减少；有些地区多雹灾区呈放大趋势，如新疆的阿克苏及克拉玛依市雹灾开始增多，东北平原雹灾有所增加，这也和这些地区改革开放后的经济发展及种植结构变化有关。

以20年一个周期，分为3个时间段分析我国雹灾分布变化情况，发现总体上我国雹灾多发区范围呈现出先扩大后缩小的特点。第一个20年（1950—1969年）我国雹灾多发区零星分布，雹灾中心初见端倪，形成了黄土高原、江淮平原、云贵高原、青海东部、新疆博尔塔拉地区等几个雹灾中心。第二个20年（1970—1989年），我国雹灾多发区范围开始向东部、东北、西南扩散，多雹区开始连片分布，这20年是我国有雹灾记录以来发生雹灾最多的时期，其分布格局基本代表了我国60年来的总体特点。第三个20年（1990—2009年），我国雹灾次数明显减少，呈下降趋势，雹灾多发区范围开始收敛，东南地区减少最多，这和当地经济发展及人工防雹力度的增大有密切关系。西藏的一江两河地区、环青海湖地区及阿克苏地区雹灾反而增加，这与当地扩大作物种植面积有关。

以10年一个周期，分为6个时间段分析我国雹灾分布情况，结果出现了明显的地带性差异，1950—1959年雹灾多发区呈现出南北差异显著、北多南少、多雹中心零星分布的特点；1960—1969年雹灾多发区呈现出东西差异显著、东部多、西部少、雹灾中心增多的特点；1970—1979年雹灾多发区东西差异明显，多雹区范围进一步扩大，中部南北多雹中心开始连片，四川盆地形成一个多雹中心，福建出现一个雹灾中心，中国中间多雹灾轴带开始显现；1980—1989年，是我国的雹灾多发期，多雹灾区呈现一轴两翼的格局，轴为东北到西南的多雹带，两翼为新疆多雹中心和江南丘陵多雹中心，这一时期新疆雹灾中心凸显，江淮平原多雹中心开始消退，东北平原多雹区范围进一步扩展，云贵高原多雹区进一步向西南延伸，这是因为人类活动影响了地表覆盖，特别是对低山丘陵和山前坡地的开发，扩大了冰雹灾害的影响范围；1990—1999年，我国多雹灾分布范围开始缩小，分布格局出现南北差异明显，北方多南方少的特点，西藏一江两河流域出现次雹灾中心；2000—2009年雹灾减少趋势明显，多雹中心范围很小，存在东西差异显著，中部多，西部和东部少的分布格局，雹灾次数减少与人类土地利用变化密切相关，特别是退耕还林不仅减少了雹灾发生的下垫面条件，而且减少了承灾体面积，使得雹灾次数锐减。总体来看我国雹灾分布格局变化明显，多雹灾范围呈现先增大后缩小的格局，20世纪70年代、80年代和90年代出现高峰，发生雹灾县次占比分别为19.46%、25.09%和21.29%，随后开始减小。20世纪50年代雹灾县次只占8.06%，2000—2009年雹灾县次占比为11.83%。

从5年一周期来看我国雹灾分布情况，总体来看多雹灾区分布存在中心轴，即第一阶梯和第二阶梯交界地带，这和地形影响冰雹天气相符。分布格局分为3种类型，东西差异型、混合型和南北差异型。东西差异型的年段包括1950—1954年、1970—1974年、1975—1979年、1985—1989年、2000—2004年、2005—2009年6个时段，混合型包括1955—1959年、1960—1964年、1980—1984年3个时段，南北差异年段包括1965—1969年、1990—1994年、1995—1999年3个时段，总体来看，中国雹灾空间分布以东西差异为主。

3.3 季变化分析

3.3.1 时间变化

对雹灾案例库按月份进行统计，如图3-4，可以看出我国雹灾的月变化情况，我国雹灾主要集中在夏季（6—8月）发生，占58.78%，春季（3—5月）次之，占33.3%，秋季（9—11月）发生冰雹灾害的情况很少，仅占6.94%，冬季（12—2月）雹灾最少，仅占0.95%。在4月我国雹灾达到第一个高峰，占15.18%，5月开始减少，占14.85%，6月达到全年最高值，占23.88%，7月次之，占20.19%，8月雹灾锐减，占12.59%，可以看出我国雹灾月变化呈现出双峰型特点，即4月和6月两个雹灾高峰。

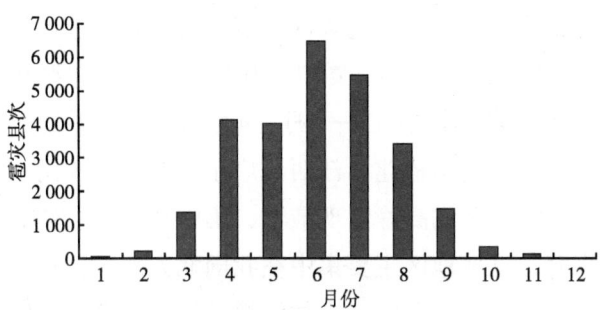

图3-4 中国冰雹灾害月动态变化（1950—2009年）

以省为基本区域单元，对12个月进行统计分析，发现各省月份变化与全国比较有一定的差异，如图3-5所示。

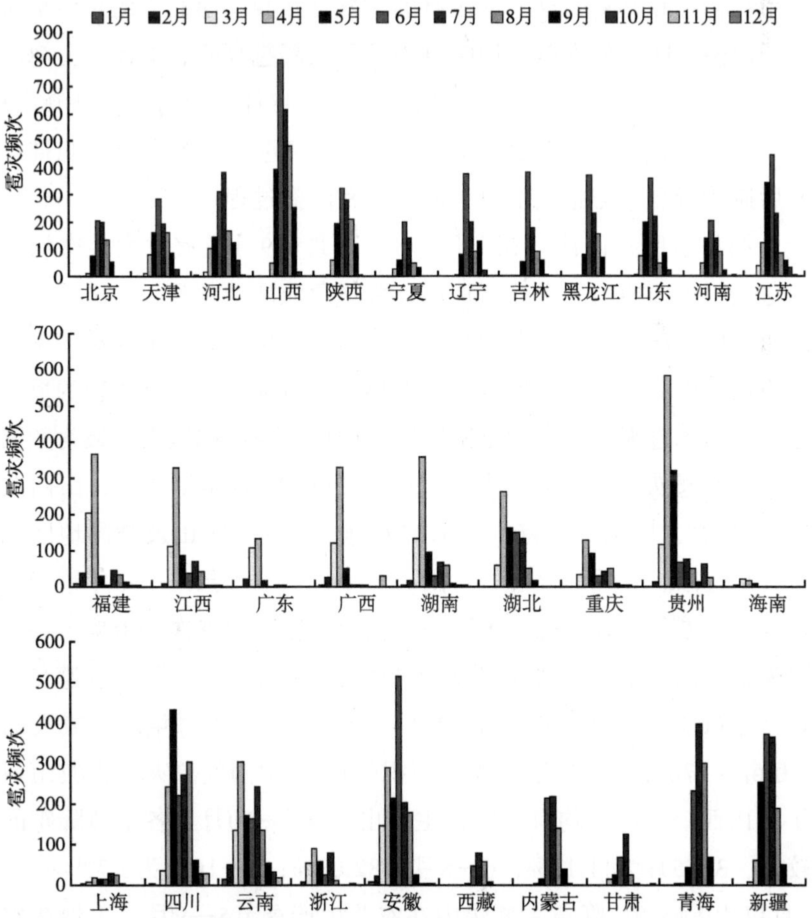

图3-5 中国分省雹灾月变化图谱（1950—2009年）

从图中可以看出，中国各省雹灾的月变化有一定的差异性，基本上可以分为4种类型：春季单峰型、春末夏初单峰型、夏季多雹型和春夏双峰型。春季单峰型，该类型降雹集中在3—5月，4月出现一年中的降雹高峰，这些地区分布在我国南方，包括福建、江西、广东、广西、湖南、湖北、重庆、海南和贵州，其中海南降雹高峰出现最早，集中在3月；春末夏初单峰型，6月降雹达到最高峰，这些地区主要集中在我国北方地区，包括北京、天津、河北、山西、陕西、宁夏、辽宁、吉林、黑龙江、山东、河南和江苏；夏季单峰型，降雹集中在夏季，高峰值出现在7月，比第一种类型降雹高峰推迟两个月左右，这些地区分布在我国的西北地区和青藏高原，包括西藏、内蒙古、青海、新疆和甘肃；第四种类型是春夏双峰型，一年中出现两次降雹高峰，集中在初春和盛夏，这些地区有的正好处在我国南北方的过渡地带，有的处在的西南地区。如安徽4月和6月出现两次降雹高峰，浙江、上海降雹高峰出现在4月和7月，四川降雹高峰出现在5月和8月，云南降雹高峰出现在4月和7月。我国各省降雹月变化特点符合我国多雹区季节由南向北推进再由北往南后撤的特点，与副热带急流的北进和南撤过程一致。

统计结果表明，山西省在6月、7月、8月和9月雹灾发生县次均居全国前列，这是因为山西地处中纬度地区，极锋急流活动频繁，加之处于太行山区与山西高原过渡地带，地形十分复杂，地势起伏较大，植被覆盖率低，地面受热不均，极易形成局部地区强大的热力对流天气，促进冰雹的形成和发展，这是山西冰雹天气较多的重要原因。山西是我国冰雹灾害最为频繁的省份之一。经过雹灾案例统计分析，1950—2009年的60年之间，山西共发生雹灾4 140县次，居全国之首，晋中的五寨、河曲、东山及雁同地区雹灾较重，尤其是昔阳、灵丘、五寨、昔阳、和顺、盂县等县几乎年年遭受雹灾，这一地区是名副其实的"雹窝子"。冰雹灾害是山西仅次于干旱灾害的第二大气象灾害，据中华人民共和国成立以来的资料统计，每年全省遭受冰雹袭击的地区达60县市，受灾减产的约有40个县市，平均每年因雹成灾的面积为160万亩～170万亩，是旱灾成灾面积的1/6（中国气象灾害大典山西卷，2008）。山西一年四季均有降雹，主要出现在4—10月，各季节降雹的比例相差较大，3—5月为11.11%，6—8月为82.07%，9—10月为6.77%，12月至翌年2月仅为0.05%。降雹主要集中在农业生产季节5—9月，正处在棉花的生长期内，极易遭受冰雹袭击。

根据月份变化情况，得到中国降雹类型分布情况。华北和东北地区降雹属于春末夏初单峰型，华南地区降雹类型属于春季单峰型，川滇及浙沪皖地区降雹类型属于春夏双峰型，西北及青藏属于夏季单峰型，该分布特点与其他学者的认识基本相符合。

以月为单位，对各省区雹灾数据进行统计分析，见表3-2，结果表明1月只有11省区有雹灾记录，发生较多的有云南、安徽、福建和广东，其中，云南最多，有15县次；2月，有雹灾记录的省区扩大到16个，仍然是云南雹灾最多，有49县次，其次是福建、安徽、广西和广东，主要分布在我国南方地区；3月，雹灾记录的省区达23个，有8个省区无雹灾记录，发生雹灾最多的是福建，占全国的14.96%，其次是安徽、云南、湖南和广西等南方省区；4月，雹灾分布广泛，仅有黑龙江、吉林和西藏3个省区无雹灾记录，贵州、福建、湖南和江西雹灾较多，贵州发生雹灾585县次，居于首位，占14.23%；5月，雹灾分布遍及全国各地，四川雹灾最多，共432县次，占10.75%；6月，山西、安徽和江苏雹灾较多，山西占12.34%，南方雹灾减少，海南、广东无雹灾记录；7月，山西、青海、河北和新疆雹灾较多，分别占11.27%、7.28%、7.0%和6.66%，海南无雹灾记录；8月，雹灾仍以北方为主，山西、四川和青海是雹灾多发省份，山西有480个县次，四川有302个县次，南方较少，海南无雹灾；9月，山西、辽宁和河北雹灾频发，山西有253县次，南方的浙江、广东、广西和海南无雹灾发生；10月，贵州、河北、江苏和云南雹灾发生县次较多，分别为61、59、35和31县次，无雹灾省区扩大到6个，分别是河南、西藏、宁夏、浙江、湖北和广东；11月雹灾发生最多的是广西，共31个县次，其次为四川和贵州，雹灾较多的分布在南方省区，北方省区较少，发生雹灾的省区缩减至15个；12月发生雹灾省区进一步缩减，只有4个，分别是贵州、安徽、甘肃和福建，贵州发生雹灾的县次仅有2次记录。

表3-2 各省份雹灾县次的月分布

省份	1月	2月	3月	4月	5月	6月	7月	8月	9月	10月	11月	12月
福建	7	36	205	367	30	4	46	33	12	6	5	1

（续表）

省份	1月	2月	3月	4月	5月	6月	7月	8月	9月	10月	11月	12月
江西	1	10	114	329	88	37	70	40	5	3	5	0
广东	0	21	108	134	16	0	6	4	0	0	0	0
广西	6	27	119	328	50	4	6	5	0	1	31	0
湖南	3	18	134	358	96	28	66	59	10	3	6	0
湖北	0	1	57	262	162	152	133	48	17	0	0	0
重庆	0	1	35	129	91	29	42	49	7	3	3	0
贵州	1	14	116	585	320	68	77	49	14	61	23	2
海南	0	4	19	16	9	2	0	0	0	1	0	0
北京	0	0	0	9	74	206	198	134	56	2	0	0
天津	0	0	10	80	162	288	193	160	86	28	1	0
河北	3	0	16	100	147	313	383	165	125	59	5	0
山西	2	0	0	46	392	798	616	480	253	14	0	0
陕西	0	0	8	61	195	325	280	209	119	6	0	0
宁夏	0	0	0	25	61	198	142	49	30	0	0	0
辽宁	0	0	0	6	80	375	198	92	132	19	0	0
吉林	0	0	0	1	54	380	176	90	59	7	0	0
黑龙江	0	0	1	0	79	374	232	154	72	1	0	0
山东	0	0	3	77	200	362	222	50	86	23	0	0
河南	1	0	2	47	138	205	139	93	21	0	5	0
江苏	0	1	40	125	347	446	231	87	60	35	3	0
西藏	0	0	0	0	5	48	79	56	6	0	0	0
内蒙古	0	0	0	3	16	214	219	138	38	3	0	0
甘肃	0	1	0	13	26	67	126	26	4	1	0	2
青海	0	0	2	2	44	233	398	299	69	1	1	0
新疆	0	0	6	61	252	371	364	191	51	4	0	0

(续表)

省份	1月	2月	3月	4月	5月	6月	7月	8月	9月	10月	11月	12月
上海	0	2	7	17	13	14	30	24	3	1	0	0
四川	2	1	35	244	432	222	272	302	60	30	29	0
云南	15	49	136	305	171	163	243	135	52	31	19	0
浙江	0	6	52	90	57	25	79	9	0	0	3	0
安徽	8	22	145	290	213	515	202	180	26	4	3	2

3.3.2 空间变化

不同季节出现的冰雹，对农业破坏程度不同。春雹会砸毁棉苗，但可以补种；夏雹砸毁棉苗后，由于物候的原因在我国北方地区无法补种，会导致绝收；秋雹会使棉花减产；冬雹超出了棉花生长期，对棉花没有影响。因此了解不同季节降雹的特点和规律是十分必要的。依据灾情数据库，把一年的冰雹灾害分为春雹（3—5月）、夏雹（6—8月）、秋雹（9—11月）和冬雹（12月至翌年2月）4种类型，逐年进行统计，可以了解中国冰雹灾害的季节变化规律。

基于各月发生次数划分的不同等级雹灾区图谱可以看出（彩图2），我国雹灾分布季变化地带性规律非常明显。春季雹灾占比为33.3%，3月雹灾主要发生在南方地区和新疆地区，共有4个多雹区，分别是云南南部、四川盆地、福建大部和安徽南部；4月雹灾范围开始向北扩展，新疆地区雹灾范围也开始扩大，多雹区出现连片分布，从云贵高原向东延伸到福建丘陵区形成了我国南方多雹带，雹灾分布南北差异明显，南方多北方少；5月雹灾区继续向北推进，同时出现东西差异，且南方雹灾开始减少，多雹灾中心出现在环渤海区、黄土高原、云贵高原、新疆阿克苏地区及江淮平原区，春季我国雹灾多发区集中在南方地区，北方在春末开始进入多雹时节，春季雹灾发生最多的省份是贵州省，有1 021县次，其次为安徽省，共1 719县次，发生雹灾最少的省区是西藏，仅有5次记录，这与其作为中国降雹中心极为不符，主要原因是这一地区的承灾体分布范围很小，虽然降雹多，但不一定成灾。

夏季我国雹灾较多，占58.78%，6月我国多雹灾区进一步向北及东北地区推进，新疆雹灾多发区范围继续扩大，全国雹灾呈现出南北差异性，北方多南方少，新出现的多雹灾中心有青海东部、南部多雹灾中心，东北平原多雹中心；7月我国雹灾有减少趋势，分布格局呈现东西差异，东北多雹中心范围有所收缩，新疆多雹灾中心继续扩大；8月我国雹灾范围整体继续缩小，分布格局变为南北差异，北方多，南方少，多雹灾中心范围集体缩小，整个夏季我国雹灾集中分布在北方地区，发生雹灾最多的省份是山西，有3 237县次，其次是安徽，共939县次，发生雹灾最少的是海南，仅有2次记录，这是因为海南地处热带地区，气温较高，冰雹难以形成。

秋季我国总体雹灾较少，占6.94%，9月多雹中心零星分布，总体格局呈南北差异，北方多南方少；10月，我国雹灾区向南回收，南北方均有雹灾出现，总体格局是南方多北方少；到了11月，北方雹灾已经很少，南方地区出现在云南、贵州、广西等地区，整个秋季发生雹灾最多的省份是山西，有267县次，其次是河北省，共189县次，广东省没有雹灾记录。

进入冬季，我国雹灾已经少见，仅占0.95%，12月仅有几个县出现过雹灾，1月雹灾集中出现在云南西双版纳地区，2月雹灾范围由云南向东推进，广西、广东、江西及福建均有雹灾出现，冬季发生雹灾最多的省份是云南，共64县次，其次是福建省，有44县次。冬季无雹灾记录的省区有北京、天津、内蒙古、吉林、黑龙江、山东、西藏、重庆、陕西、青海、宁夏和新疆，集中在北方地区，这是因为这些省区冬季不是作物的主要生长期，即使发生冰雹，也很难造成灾害。

总体来看，我国雹灾季节变化明显，存在着一个雹灾带由南向北推进，然后再南撤的过程，这一过程与大气环流季节变化及我国季风变化的特点相符合，与我国降雨带的北移南退一致。向北推进时，雹灾区的移动一般比雨季提前一个月，向南撤退时，雹灾区后滞一个月左右，这与南支急流位于副热带急流北侧有关（雷雨顺，1978）。雹灾次数的增加和减少与作物生长期密切相关，4—9月是北方作物主要生长期，正值冰雹多发期，因此，我国北方雹灾比较频繁且严重，南方虽然一年四季作物均可生长，但其冰雹天气较少，反而雹灾相对北方轻。我国雹灾月变化规律与棉花生长周期（4—9月）

时间段相对照,可以看出我国棉花生长期正是雹灾多发期,棉花生产受到了冰雹天气的严重威胁。

3.4 日变化分析

中国雹灾案例数据库中,具有详细降雹时间记录的样本有4 033个,对这些样本进行统计,如表3-3所示,用来揭示我国降雹的日变化规律。

表3-3 降雹分时情况统计

时间	次数	比例(%)	时间	次数	比例(%)
0:00—1:00	65	1.61	12:00—13:00	112	2.78
1:00—2:00	60	1.49	13:00—14:00	224	5.56
2:00—3:00	61	1.51	14:00—15:00	455	11.28
3:00—4:00	55	1.36	15:00—16:00	457	11.33
4:00—5:00	45	1.12	16:00—17:00	519	12.87
5:00—6:00	36	0.89	17:00—18:00	488	12.10
6:00—7:00	51	1.24	18:00—19:00	334	8.28
7:00—8:00	31	0.77	19:00—20:00	241	5.98
8:00—9:00	42	1.04	20:00—21:00	201	4.98
9:00—10:00	34	0.84	21:00—22:00	170	4.22
10:00—11:00	52	1.29	22:00—23:00	121	3.00
11:00—12:00	68	1.69	23:00—24:00	112	2.78

根据统计结果,绘制了全国降雹日变化曲线,如图3-6。从全国来看,有70.18%的降雹发生在12:00—20:00,16:00—18:00达到降雹高峰,约占全天的1/4。我国夜雹(20:00至翌日6:00的雹灾)占比为22.96%,发生在6:00—12:00的雹灾仅占6.87%。由此看出,上午降雹较少,下午和夜里降雹较多,而傍晚时分最容易发生降雹,这和冰雹产生的热力学性质吻合。

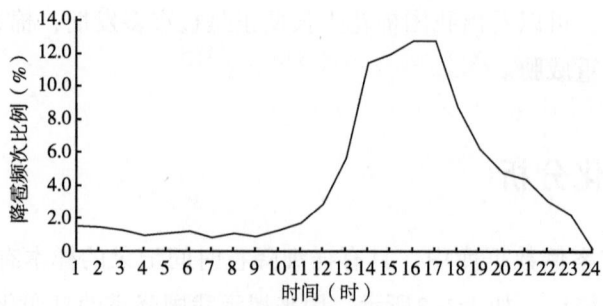

图3-6 中国降雹日变化

从各省区降雹日变化来看（图3-7），基本符合全国降雹日变化规律，即集中在午后，但也存在一些差异。从夜间发生冰雹情况看，南方地区多于北方地区，如四川盆地往东到湘西、鄂西一带，受青藏高原的影响，夜间降雹较多，广东、广西等地夜雹较多，北方地区夜雹发生较少。

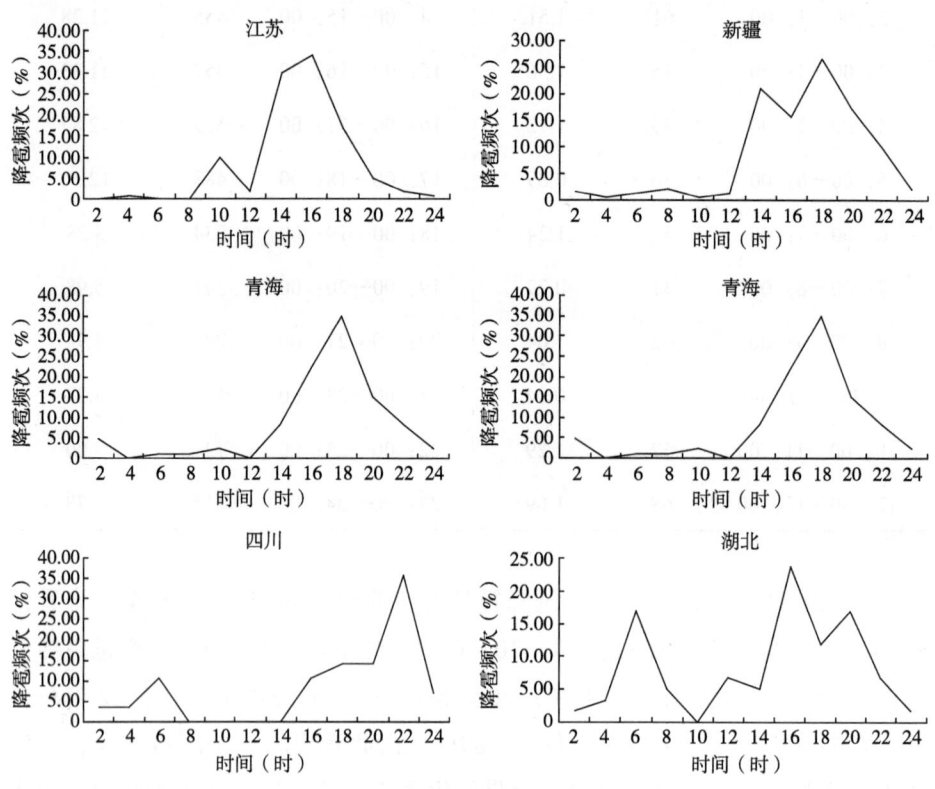

图3-7 中国分省区降雹日变化

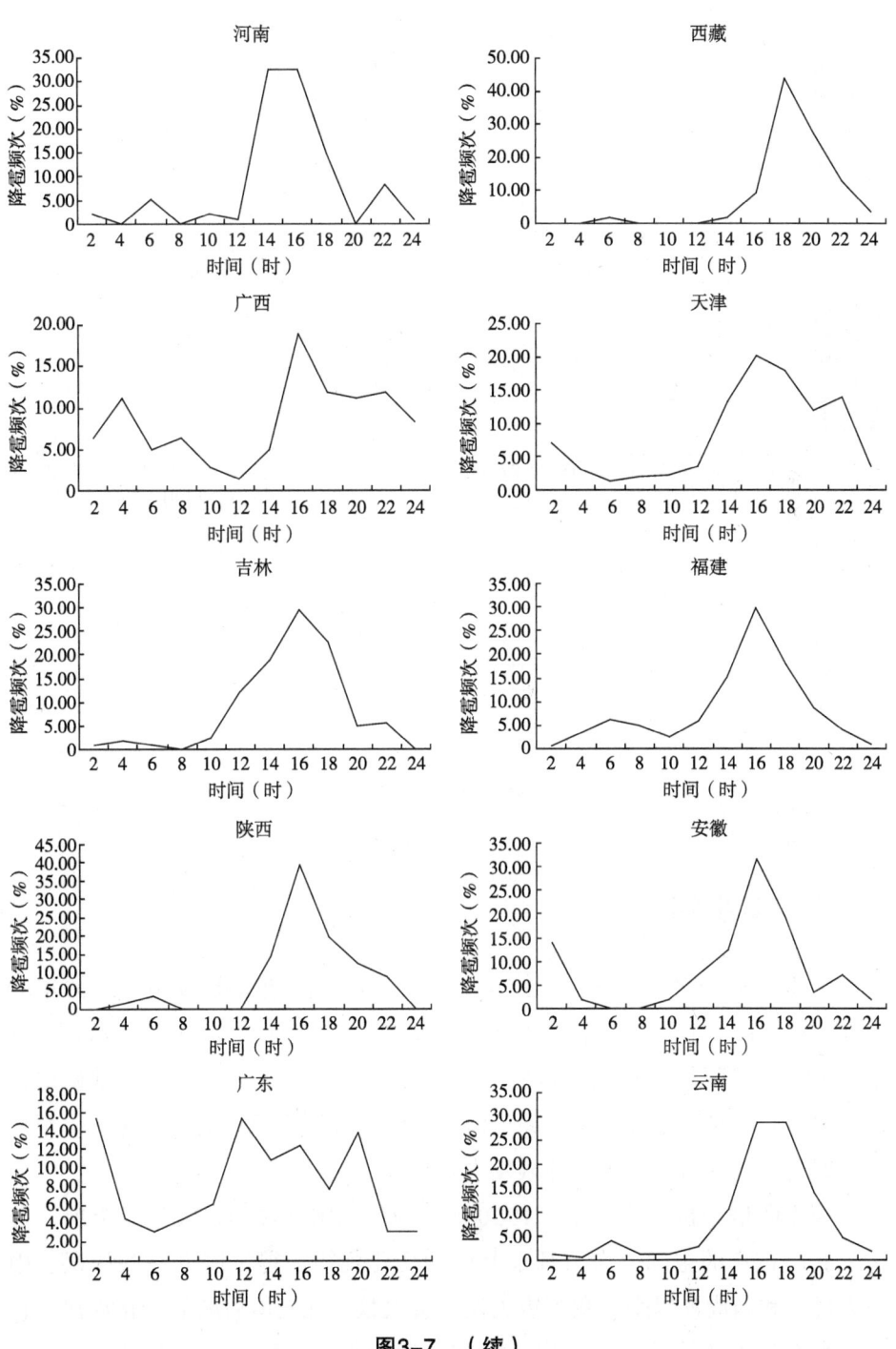

图3-7 （续）

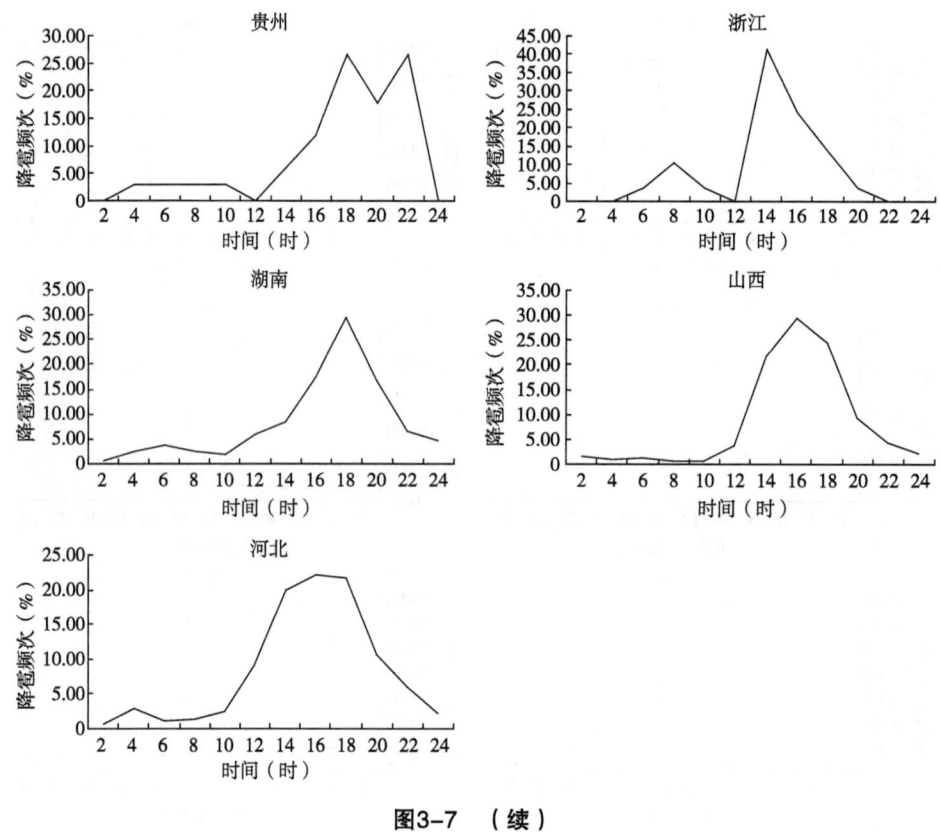

图3-7 （续）

3.5 本章小结

采用经验正交函数分析（EOF）方法，对全国地级市1950—2009年60年间的逐年降雹频次进行排列并做模型运算，我国雹灾分布时空格局存在8个向量场，最强场型贡献率达53.42%，说明我国雹灾分布格局非常稳定，多雹灾中心相对固定。黄土高原、海河平原、淮河平原、河西走廊、伊犁地区、四川盆地等为全国雹灾的频发中心。

采用图谱分析方法，基于1950—2009年我国县域的雹灾记录资料，分析了我国雹灾的空间分布特征及其时间变化规律，得出以下一些认识。中华人民共和国成立以来，我国雹灾发生县次数呈现先增后减的变化规律，雹灾次数在较大的波动中趋于增加，20世纪70年代中后期有一个迅速增加时期，1987年达到雹灾高峰期，1987年以前，我国冰雹灾害县次总体呈上升趋势，1987年之后，冰雹灾害县次呈下降趋势，20世纪70年代至90年代中期是我国的冰雹高发期，其中，1972年、1977年、1983年、1985年和1987年是我国的多雹灾年。

我国雹灾空间分布格局呈现出两带多中心的特点，东北到西南一线是我国的主要降雹带，西南到东南一线是我国的次要雹灾多发带，多雹灾中心主要有黄土高原、环渤海、东北平原、云贵高原、江淮平原、新疆阿克苏、东北平原及青海东部等地区。分布格局有南北差异型、东西差异型及混合型3种类型，雹灾多发区范围呈现出先扩大后缩小的特点。

我国冰雹发生的时间具有明显的季节性，长江中下游和华南地区降雹主要集中在2—4月，其他地区集中在5—9月，其中东南地区和西南地区降雹的季节变化具有明显的双峰型特点。对长江中下游和华南地区以外的地区，冬季和夏季分别是我国冰雹日数最少和最多的季节。

全国大部分地区降雹时刻主要集中于午后至傍晚时分。以16：00—18：00最多，四川盆地往东到湖南西北部、湖北西部、广东、广西等地夜雹较多。

采用经验正交函数（EOF）分析方法与采用图谱分析方法得出的我国雹灾时间变化，多雹灾中心结论一致，起到了相互验证的作用。

第4章 中国棉花不同生育期雹灾风险评价

本章基于中国雹灾案例数据库,综合致灾和灾情指标的不完备信息,确定了雹灾案例的致灾强度指数,通过野外观测实际发生的自然雹灾和人工模拟雹灾控制试验,得到棉花苗期、蕾期、铃期和吐絮期的不同雹灾强度下的棉花损失率表,根据损失率表对棉花雹灾案例损失率进行赋值量化,构建了棉花苗期、蕾期、铃期和吐絮期4个生育期的雹灾脆弱性曲线,从而计算出棉花生育期内每场雹灾的棉花损失率,根据数学公式计算,得到每个县的逐年棉花雹灾损失率,根据年度损失率数据,统计了棉花全期及各生育期因雹灾年损失率≥80%、≥60%、≥40%、≥20%、≥10%和≥5% 6个损失水平的发生概率风险,另外统计了各县2年一遇、5年一遇、10年一遇、20年一遇、30年一遇和60年一遇雹灾风险水平下棉花全期及各生育期的损失程度。采用GIS技术,编制了一系列图谱,运用图谱分析的方法,找到了棉花雹灾高风险期和高风险区,为费率厘定和分区奠定了基础。

4.1 棉花雹灾风险评价方法

风险评估实际上就是计算灾害可能造成的损失,是灾害对人类社会的一种可能的影响。采用何种方法进行气象灾害风险评估,取决于灾种的特点和所拥有的数据资料。本研究采用目前更多的研究者赞同的联合国人道主义事物部($ISDR$)的风险定义:"风险(R)=致灾因子(H)×脆弱性(V)"表达式。即自然灾害的风险度R可以表示为致灾因子的危险度H和承灾体的脆弱性V的乘积。在这个公式框架内,本研究的致灾因子(H)是冰雹致灾强度指数,脆弱性(V)是不同强度指数的雹灾对棉花不同生育期造成的损失率,即棉花各生育期的雹灾脆弱性曲线,风险(R)即为损失率。

自然灾害风险评估方法的选择与灾种、承灾体及成果应用有关。本研究的灾种是冰雹,承灾体是棉花,成果应用是分区实行棉花雹灾保险费率。对于这类单灾种、单承灾体的风险评估方法目前研究并不多，本研究的风险评价具体流程见图4-1。

第一步，确定冰雹灾害致灾强度。根据适宜植棉区范围和棉花生长期时间段，提取冰雹案例数据库，并确定雹灾致灾强度指数。雹灾强度指数的确定采用了致灾指标和灾情指标等多指标综合控制的方法。

第二步，确定不同生育期棉花雹灾脆弱性曲线，即确定棉花不同生育期降雹强度指数与棉花损失率之间的关系。本研究以自然雹灾观测（苗期实际发生雹灾）及人工模拟雹灾试验数据（蕾期、铃期和吐絮期）来确定棉花不同生育期内不同冰雹致灾强度的损失率，对雹灾案例中再次提取有棉花灾情描述的案例进行损失率赋值，通过致灾指数与损失率的拟合，得到了棉花苗期、蕾期、铃期和吐絮期的雹灾脆弱性曲线。

第三步，确定棉花雹灾风险。首先根据棉花各生育期雹灾脆弱性曲线，计算了每一场次雹灾造成的棉花损失率，然后根据数学公式，采用VB编程技术计算各县棉花全期及分生育期60年的雹灾年度损失率。经过统计年度损失率，得出棉花全期和各生育期的固定损失程度看概率分布及固定概率看损失程度的两套风险系列图谱。

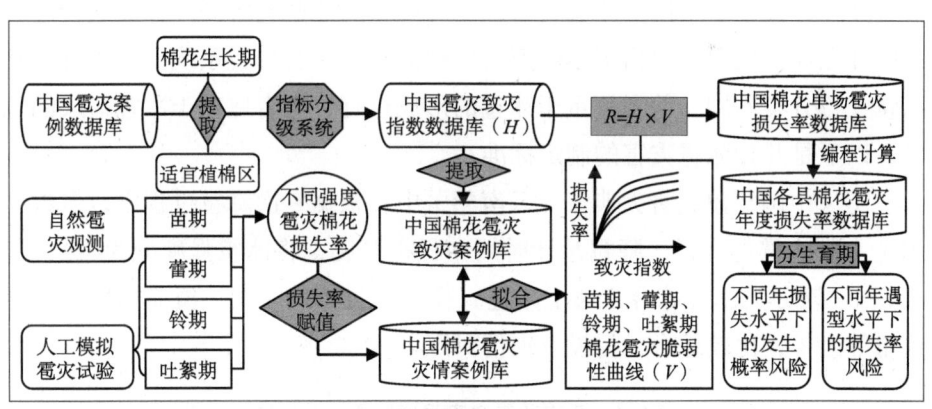

图4-1 中国棉花雹灾风险评价流程图

4.2 冰雹致灾强度指数的确定

冰雹灾害与旱灾、洪涝等灾种不同，无法用气象条件来衡量是否发生降雹及冰雹大小。冰雹发生时往往伴随着狂风暴雨，作者曾统计了北京市60年来气象站点发生降雹日的降水量和风速数据，试图用降水量与风速数据的耦合来确定发生雹灾的概率，研究结果并不理想，雹灾日的降水量和风速大小与冰雹大小相关性极差。因此，对于冰雹这种气象灾害而言，采用历史案例数据来研究雹灾致灾因子是目前最佳的选择。在冰雹灾害风险评价中，致灾因子多采用降雹频次来表示，未确定每场雹灾的强度大小，很难反应实际致灾强度，而采用降雹频次作为致灾因子很难计算出棉花的损失率，所得到的风险也只是相对风险值。为了能够计算棉花雹灾的损失率，首先需要确定每场雹灾的强度，进而计算出相应的损失。根据雹灾数据库中的指标体系，先确定雹灾等级的划分标准，再进一步确定致灾强度指数，最后在等级标准的控制下，采用多指标综合度量法，得到每一场雹灾的强度指数。

在冰雹致灾指数确定之前，首先要明确冰雹灾害强度的分类标准。这个标准也是自然雹灾观测与人工模拟冰雹试验时，判断雹灾致灾强度的依据。

4.2.1 冰雹灾害分类系统

由于目前还没有冰雹灾害分类的国家标准，本研究通过查阅大量的冰雹灾害文献，搜集了不同的冰雹灾害分类标准，对这些雹灾分类标准进行了总结，并在此基础上，提出了本研究所归纳的冰雹灾害分类系统。冰雹分类和冰雹灾害分类不同，前者侧重于冰雹的形成过程，后者侧重于冰雹造成的危害。以下是几种冰雹灾害的制定标准：

①《中国气象灾害大典》（云南卷）中，根据一次降雹过程中，多数冰雹（一般冰雹）直径、降雹累计时间和积雹厚度，将冰雹强度分为4级，见表4-1。该分类标准综合考虑了冰雹直径、降雹持续时间、覆盖厚度、冰雹重量等因子，比较综合，但没有灾情对照。

表4-1　云南冰雹灾害强度等级划分标准

级别	特点
轻雹灾	蚕豆大小，多数冰雹直径0.5~2.0 cm，累计降雹时间不超过10 min，地面积雹厚度不超过2 cm，平均重量≤5 g。
中雹灾	核桃大，多数冰雹直径2.0~6.0 cm，累计降雹时间10~30 min，地面积雹厚度17 cm，平均重量4 g。

（续表）

级别	特点
重雹灾	有鸡蛋大，直径6.0～10.0 cm，累计降雹时间30 min以上，地面积雹厚度33 cm，平均重量10 g。
特大雹灾	有拳头大，直径10 cm以上，累计降雹时间30 min以上，地面积雹厚度34 cm以上，平均重量超过50 g。

摘自：温克刚,中国气象灾害大典.云南卷317页，气象出版社。

②参照上海市农业区划委员会于1984年3月出版的《上海市冰雹图集》，上海冰雹强度划分为5个等级，见表4-2。该划分等级仅考虑了冰雹直径，没有考虑降雹的持续时间、降雹密度等其他因素。

表4-2 上海冰雹灾害强度等级划分标准

冰雹等级	特强	强	中	弱	特弱
雹块大小描述	拳头	鸡蛋	核桃	蚕豆	黄豆
参考直径（cm）	≥5.0	3.5～4.9	2.0～3.4	1.0～1.9	<1.0

③黑龙江省按冰雹直径、降雹时间及受害症状等因子综合划分了适合本省的冰雹灾害强度等级标准，见表4-3。该分类系统既考虑了致灾，又考虑了灾情，比较符合实际，但致灾中的指标判别有难度，也没有考虑冰雹覆盖厚度。

表4-3 黑龙江省冰雹灾害分级气象指标和受害症状

分级	指标	受害症状
轻雹灾	$5 \leq D < 10$ 且 $2 \leq S < 5$	农作物和牧草叶片轻度伤残，对产量有一定影响。
中雹灾	$5 \leq D < 10$ 且 $5 \leq S < 10$ 或 $10 \leq D < 15$ 且 $2 \leq S < 5$	农作物和牧草茎叶机械损伤较重，对产量有较大影响，农田地膜、暖棚轻度受损，林木、牧草受到轻微影响，偶尔出现人畜受伤现象
重雹灾	$5 \leq D < 10$ 且 $S \geq 10$ 或 $10 \leq D < 15$ 且 $S \geq 5$ 或 $15 \leq D < 20$ 且 $S \geq 2$	农作物和牧草机械损伤严重，产量受到严重影响，甚至绝收，林木、牧草受损，损坏农田地膜和暖棚及部分建筑物，出现人畜伤亡

（续表）

分级	指标	受害症状
特重雹灾	D≥20且S≥2	农作物绝收，林木、牧草受损严重，极易造成人畜伤亡

注：D表示冰雹直径（mm），S表示降雹持续时间（min）；评判区域：黑龙江省；评判起止时段：4—10月。

评判方法：在评判起止时段内，以评判区域所在地监测到的冰雹直径和降雹持续时间并运用其指标确定雹灾等级程度。

摘自：中国气象灾害大典.黑龙江卷204页。

④张养才（1991）认为冰雹雹块的大小、降雹时间、降雹密度以及降雹后地面积雹深度与作物被害程度及复生能力有着密切的关系。综合各地经验，可把冰雹造成的灾情大体分为轻雹灾区、中雹灾区和重雹灾区3类，见表4-4。该分类系统比较综合，易于判断，但只分了3级，分级有些偏少。

表4-4 冰雹灾害强度等级划分（张养才）

类型	特征
轻雹灾区	冰雹大小如豆粒，直径0.5 cm左右，降雹时有的冰雹盖满地面，有的随下随化。作物的叶片被打落或打成麻状，茎秆折断或打成秃茬子。
中雹灾区	冰雹大小如杏子、核桃，直径2～3 cm，降雹时冰雹盖满地面，积雹深度达4寸[①]左右，树木细枝被打折，树干皮层"遍体鳞伤"，作物茎叶被打成茬子，甘薯蔓被打烂。
重雹灾区	冰雹大小如鸡蛋、拳头，直径3～7 cm。积雹深度达3 cm以上。冰雹融化后，地面雹坑累累，地面十分坚硬。各种作物地上部分被砸光，地下部分也受到一定程度的伤害。

资料来源：张养才，1991。

⑤贵州省在综合考虑经济损失和人员伤亡因素的同时，考虑了冰雹灾害历史情况，确定了贵州省单站（县级）冰雹灾害等级标准，见表4-5。

表4-5 贵州省单站（县级）冰雹灾害等级标准

单站（县级）冰雹灾害标准分级	分级标准（3个标准定出的级别不一致时，按较高级别定级）
Ⅰ级：轻微级	在某一县行政区域内，降雹情况出现下列情况之一的：轻微级 （1）冰雹直径<5 mm，持续时间<10 min，冰雹堆积厚度<5 cm； （2）经济损失<150万元； （3）无人员伤亡。

---

① 1寸=3.33 cm。

(续表)

单站（县级）冰雹灾害标准分级	分级标准（3个标准定出的级别不一致时，按较高级别定级）
Ⅱ级：轻级	在某一县行政区域内，降雹情况符合以下情况之一：轻级 （1）5 mm≤冰雹直径<10 mm，10 min≤持续时间<30 min，5 cm≤冰雹堆积厚度<10 cm； （2）150万元≤经济损失<1 000万元； （3）1人≤人员伤亡<5人。
Ⅲ级：中级	在某一县行政区域内，降雹情况符合以下情况之一：中级 （1）10 mm≤冰雹直径<30 mm，30 min≤持续时间<45 min，10 cm≤冰雹堆积厚度<30 cm； （2）1 000万元≤经济损失<2 500万元； （3）5人≤人员伤亡<10人。
Ⅳ级：重级	在某一县行政区域内，降雹情况符合以下情况之一：重级 （1）30 mm≤冰雹直径<60 mm，45 min≤持续时间<60 min，30 cm≤冰雹堆积厚度<60 cm； （2）2 500万元≤经济损失<6 000万元； （3）10人≤人员伤亡<15人。
Ⅴ级：特重级	在某一县行政区域内，降雹情况符合以下情况之一：特重级 （1）冰雹直径≥60 mm，持续时间≥60 min，冰雹堆积厚度≥60 cm； （2）经济损失≥6 000万元； （3）人员伤亡≥15人。

贵州省冰雹灾害分级标准比较齐全，分为5个等级。考虑了灾情、降雹时间与积雹厚度，但标准有些偏高。如特重雹灾要达到60 cm厚的冰雹，直径大于60 mm，持续时间60 min；重雹冰雹直径要达到30~60 mm，降雹持续45~60 min，根据雹灾案例中的指标统计，发现该标准定的有些偏高。

⑥高庆华（2007）根据一次降雹过程中多数冰雹（一般冰雹）直径、降雹累计时间或积雹厚度，将冰雹分为3级，见表4-6。

表4-6 冰雹灾害强度等级划分（高庆华）

类型	特征
轻雹	多数冰雹直径不超过0.5 cm，累计降雹时间不超过10 min，地面积雹厚度不超过2 cm
中雹	多数冰雹直径0.5~2.0 cm，累计降雹时间10~30 min，地面积雹厚度2~5 cm
重雹	多数冰雹直径2.0 cm以上，累计降雹时间30 min以上，地面积雹厚度不超过5 cm以上

该分级标准中，数据较为合理，只有3个等级，级别偏少，另外没有灾情信息。

⑦国家标准（征求意见稿）关于冰雹的等级的划分如下。

冰雹的等级主要依据冰雹落地的直径划分，依次分为小冰雹、弱冰雹、一般冰雹、强冰雹和特强冰雹5个等级。小冰雹直径在4~5 mm的固体降水天气现象；弱冰雹直径在5~10 mm的固体降水天气现象；一般冰雹直径在10~20 mm的固体降水天气现象；强冰雹直径在20~30 mm的固体降水天气现象；特强冰雹直径在30 mm以上的固体降水天气现象。这个分类标准比较单一，只考虑了冰雹直径，另外根据案例指标统计，最高级别的雹灾定为3 cm有些偏小。从致灾角度看没有考虑降雹持续时间及降雹密度。

⑧2018年7月中国气象报社发布的冰雹的等级。

根据一次降雹过程中，大多数冰雹的直径、降雹累计时间和积雹厚度，可将冰雹分为3级。轻雹，多数冰雹直径不超过0.5 cm，累计降雹时间不超过10 min，地面积雹厚度不超过2 cm。中雹，多数冰雹直径在0.5~2 cm，累计降雹时间10~30 min，地面积雹厚度为2~5 cm。重雹，多数冰雹直径在2 cm以上，累计降雹时间达30 min以上，地面积雹厚度达5 cm以上。这个等级分类标准综合考虑了冰雹的直径、降雹持续时间和积雹厚度3个情形，较为合理，但它们之间的关系不明确，是同时满足，还是满足其中一种情形即可确定冰雹等级。另外，冰雹等级只划分了3个，尚不够细化。

综合以上划分标准，可以看出，冰雹等级与冰雹灾害等级是两个不同的概念，冰雹等级可以不考虑灾情信息，只考虑冰雹本身的特性，其等级不能完全反映冰雹灾害等级，也就是说，有的时候重雹不一定发生重雹灾，而轻雹有可能发生重雹灾，这和冰雹发生地下垫面的承灾体类型有关。为了能够更好地对冰雹造成的灾害，指导防灾减灾，确定一套科学的冰雹灾害等级标准是非常必要的。

本研究在总结已有的冰雹灾害强度等级分类的基础上，深入挖掘雹灾案例中同时出现致灾因子及灾情描述的数据，归纳出冰雹灾害强度等级划分标准。根据冰雹大小、降雹持续时间、覆盖厚度，将冰雹灾害强度划分为4个等级，即轻雹灾、中雹灾、重雹灾和特重雹灾，同时对应作物损伤、人畜伤亡、设施受损、汽车损伤等灾情信息，见表4-7。

表4-7 冰雹灾害强度等级分级标准

分级	指标	灾情描述
轻雹灾	$5 \leq D < 10$ 且 $5 \leq T < 25$ 或 $H \leq 5$	冰雹大小如豆粒,降雹时有的冰雹盖满地面,有的随下随化。作物的叶片穿孔或被打落,打成筛状。
中雹灾	$10 \leq D < 20$ 且 $T \geq 10$ 或 $20 \leq D < 30$ 且 $5 \leq T < 10$ 或 $5 < H \leq 10$	冰雹大小如栗子、杏子,直径2 cm左右,降雹时冰雹盖满地面,积雹深度5~10 cm。叶片打落,有的茎秆折断,农田地膜、暖棚轻度受损,对产量有较大影响,偶尔出现人畜受伤现象。
重雹灾	$20 \leq D < 30$ 且 $T \geq 10$ 或 $30 \leq D < 50$ 且 $T \geq 5$ 或 $10 < H \leq 20$	冰雹大小如鸡蛋、核桃,直径3~5 cm,积雹厚度10~20 cm作物被打成光秆,树干皮层被打的"遍体鳞伤",树木细枝被打断。玻璃被打碎,小汽车玻璃穿孔,车身有雹痕。农作物和牧草机械损伤严重,产量受到严重影响,甚至绝收,农田地膜和暖棚及部分建筑物损坏,出现人畜伤亡。
特大雹灾	$D \geq 50$ 且 $T \geq 5$ 或 $H > 20$	冰雹大小如拳头,直径5 cm以上,积雹厚度超过20 cm,作物茎秆被打进泥里,融化后地面雹坑累累,出现板结,农作物绝收。屋顶瓦片被打碎,极易造成人畜伤亡。小汽车玻璃被打碎,车顶雹痕显著。

注:D表示冰雹直径(mm),T表示降雹持续时间(min),H表示冰雹覆盖厚度(cm);

评判区域:全国;评判起止时段:全年;

评判方法:在评判起止时段内,以评判区域所在地监测到的冰雹直径、降雹持续时间和降雹厚度指标确定雹灾等级程度。

在中国雹灾案例数据库中选取了一个特重雹灾案例和一个重雹灾案例的灾情描述,来印证冰雹灾害强度等级分级标准,在之后的单场雹灾强度定级时作为参考。

特重雹灾案例:1985年7月2日18:20—18:35,保定市一场特大雹暴发生,持续15 min。冰雹最大直径70 mm,平均重14 g,地面平均积雹7~10 cm,洼地达17~33 cm,降水量57 mm。这次冰雹之大、密度之高、持续时间之长,前所未有。使保定市区停水停电,建筑物迎风面的玻璃损失过半,京广铁路中断1.5 h,经济损失0.8亿元。5万多公顷农田作物受灾,29人受伤,7人死亡。曲阳县东石门村村西花椒树皮被砸光,3天后菜园还有积雹6 cm厚(摘自《中国气象灾害大典·河北卷》)。

重雹灾案例:2004年9月14日,湖北省保康、远安、兴山3个县遭受冰雹袭击。重灾区冰雹最大直径35 mm，降雹持续时间40 min，地面积雹最厚处约10 cm。共有15个乡镇9.6万人受灾；农作物受灾面积7 000 hm²，绝收面积1 500 hm²；损坏房屋4 700多间；直接经济损失4 519万元（摘自《中国减灾》，2005）。

中雹灾案例：1996年7月23日晚，河北省廊坊市固安、永清两县的9个乡镇的296个村庄遭受大风冰雹袭击，冰雹最大直径2 cm，最大密度为600粒/m²以上，持续时间长达10 min，并伴有8～9级大风，农作物受灾面积3.7万hm²，成灾面积1.2万hm²，受灾作物主要是玉米、棉花、豆类、瓜菜，农房受损936间，直接经济损失7 595万元（摘自《中国气象灾害大典·河北卷》）。

轻雹灾案例：1964年7月3日，河北省孟村回族自治县王御史、新店、东村、孟村4个公社15个大队降雹，持续时间5～6 min，小似黄豆，大如大枣，受灾作物1 600 hm²（摘自《中国气象灾害大典·河北卷》）。

从案例中可以看出，雹灾越严重，记录越为详细，获取的信息也比较完备，在雹灾案例库中，有些案例只是记录了冰雹发生的时间，受灾地点，没有灾情描述，内容比较简单，这些属于轻雹灾案例。

4.2.2 冰雹致灾强度指数赋值方法

气象灾害等级划分的唯一原则是致灾原则，气象灾害的等级应当是会发生灾害的等级，即出现某个等级的气象条件便会出现这个等级的灾害（章国材，2010）。目前，根据气象条件还无法判断是否发生雹灾，因此，冰雹灾害致灾强度的确定是十分复杂的问题，是冰雹灾害研究的一个难点。从文献上看，冰雹灾害致灾因子大多数采用的是降雹频次（站点数据采用降雹日数），并没有区分每一次冰雹的强度水平，而降雹强度的大小对灾情起到至关重要的作用。因此，依据冰雹历史灾情案例中的数据信息，来确定雹灾强度指数，是解决这一问题的有效途径。雹灾强度指数的判定非常必要，对灾害风险评估起到了至关重要的作用。

通过对中国冰雹灾害案例数据库各个指标的数据量进行统计，见图4-2，结果表面有受灾面积指标的雹灾案例数据量最大，共6 344条，占数据总量的31.67%；其次是冰雹最大直径、持续时间、冰雹平均直径等指标,分别为6 046条、5126条和3 714条,占总数据量的30.18%、25.59%和18.54%;砸伤牲畜数量的指标数据量最少,只有129条记录。可以看出,并不是每一条雹灾案例都能提取出各项指标的信息,雹灾案例数据信息具有不完备性的特点。为了尽量涵盖雹灾所有的灾情描述,设计的指标数量比较多,各指标数据量的综合覆盖率达到了76%,数据符合本研究的需求。

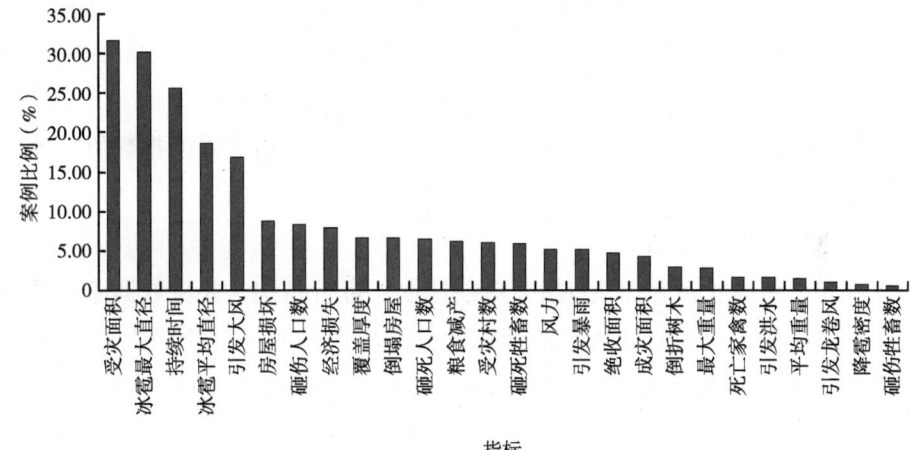

图4-2 中国雹灾案例数据库各指标数据量占比

根据冰雹灾害强度分类标准,对本研究所用数据库中的每一场雹灾进行分级,来确定雹灾致灾指数。雹灾案例库中,各个字段的记录并不完整,有的案例缺乏致灾数据,却有灾情数据,有的案例有致灾数据,却没有灾情数据,这是我国雹灾案例数据的实际情况。对不完备信息,进行综合分级,是本研究解决的一个难点。各个指标的分级标准采用数据总量控制与自然断点法相结合。选择出有该指标数据的数据库,然后进行强度等级分类。积雹厚度、冰雹直径、冰雹重量、持续时间、降雹密度是描述致灾因子的指标,而人畜伤亡数量、家禽死亡数量、绝收面积、成灾面积、受灾面积、受灾村庄数量、粮食损失量、经济损失等是描述灾情的指标。

用致灾指标和灾情指标综合确定冰雹强度指标是一个创新,也是难点。本研究采用多指标综合度量法来推断每一场冰雹的致灾强度,从而确定冰雹致灾指数,具体步骤如下。

第一步,确定每一个指标表征的冰雹致灾指数区间范围。根据冰雹灾害分类标准，对历史冰雹数据加以等级划分，共分为四级，即轻雹灾、中雹灾、重雹灾和特重雹灾，同时确定4个等级的冰雹致灾指数区间范围，分别为0~25、25~50、50~75和75~100。

第二步，将各个指标进行标准化处理，令所有指标具有可比性。由于各指标之间相互独立，没有可比性，经过标准化处理之后，指标间可以相互匹配，各指标的数据按4种雹灾等级采取分段归一化的方法，归入0~100。进行分段归一化避免了异常值的干扰，确保不同等级的数据归入相应强度的指标区间。各个指标的分段标准和对应的指数范围见表4-8。

第三步，按照指标优先选择的顺序，提取出一列雹灾强度指数值。冰雹致灾指数判别逻辑如下：

①用致灾指标判别。

首先，将冰雹覆盖厚度H指标单独选取，进行判别，并从数据库中提取数据。然后，以反映雹块大小的指标冰雹平均直径Da、冰雹最大直径Db、平均重量Ga、最大重量Gb为判别标准，综合持续时间T、降雹密度Q来判别雹灾强度。

判别标准如下：

如果Q未知，则取D与T的均值；如果T未知，则取D与Q的均值；如果D未知，T、Q已知，在这种情形下，T、Q若含有人畜禽伤亡灾情数据，则以灾情数据为主；若不含人畜禽伤亡灾情数据，则将此类数据进行降级处理，即不知道冰雹大小，只知道时间和密度，其判断的近似度及可靠性降低，取T与Q均值后乘以相似系数0.9；如果D、T、Q都是已知，则分别判断D与T的均值和D与Q的均值，取其最大值；雹块大小D的选取优先顺序为Da、Db、Ga、Gb。

②用人畜禽伤亡指标判别。

判别标准如下：

如果雹灾案例数据中出现砸死人或砸死牲畜的情况，则认为该次冰雹至少为重雹；如果雹灾案例数据中出现砸伤人、砸伤牲畜或砸死家禽的情况，则认为该次冰雹至少为中雹；按人员死亡Kp、牲畜死亡Kc、人员受伤Ip、牲畜受伤Ic、家禽死亡J的顺序提取数据。

表4-8 冰雹灾害指标等级

	指标	代码	单位	轻雹 (0~25)	中雹 (25~50)	重雹 (50~75)	特重雹 (75~100)
致灾	覆盖厚度	H	cm	$H<5$	$5 \leq H<10$	$10 \leq H<20$	$H \geq 20$
	冰雹平均直径	Da	mm	$Da<15$	$15 \leq Da<30$	$30 \leq Da<50$	$Da \geq 50$
	冰雹最大直径	Db	mm	$Db<35$	$35 \leq Db<50$	$50 \leq Db<80$	$Db \geq 80$
	平均重量	Ga	g	$Ga<5$	$5 \leq Ga<15$	$15 \leq Ga<60$	$Ga \geq 60$
	最大重量	Gb	g	$Gb<10$	$10 \leq Gb<30$	$30 \leq Gb<120$	$Gb \geq 120$
	持续时间	T	min	$T<5$	$5 \leq T<15$	$15 \leq T<30$	$T \geq 30$
	降雹密度	Q	粒/m²	$Q<100$	$100 \leq Q<500$	$500 \leq Q<1\,000$	$Q \geq 1\,000$
灾情（人畜禽）	人员死亡	Kp	人	无死亡	无死亡	$Kp<10$	$Kp \geq 10$
	牲畜死亡	Kc	头	无死亡	无死亡	$Kc<100$	$Kc \geq 100$
	人员受伤	Ip	人	无受伤	$Ip<10$	$10 \leq Ip<100$	$Ip \geq 100$
	牲畜受伤	Ic	头	无受伤	$Ic<10$	$10 \leq Ic<100$	$Ic \geq 100$
	家禽死亡	J	只	无死亡	$J<100$	$100 \leq J<1\,000$	$J \geq 1\,000$
灾情（农业）	绝收面积	Mj	hm²	无绝收	$0 \leq Mj<500$	$500 \leq Mj<2\,000$	$Mj \geq 2\,000$
	成灾面积	Mc	hm²	$Mc<500$	$500 \leq Mc<2\,000$	$2\,000 \leq Mc<5\,000$	$Mc \geq 5\,000$
	受灾面积	Ms	hm²	$Ms<1\,000$	$1\,000 \leq Ms<5\,000$	$5\,000 \leq Ms<10\,000$	$Ms \geq 10\,000$
	受灾村数	Mv	个	$V<10$	$10 \leq V<50$	$50 \leq V<100$	$V \geq 100$
	粮食减产	Lz	万kg	$L<5$	$5 \leq L<100$	$100 \leq L<1\,000$	$L \geq 1\,000$
	经济损失	Lr	万元	$R<500$	$500 \leq R<5\,000$	$5\,000 \leq R<10\,000$	$R \geq 10\,000$

注：1. 农作物受灾面积：指因灾减产一成以上的农作物播种面积。
2. 农作物成灾面积：指农作物受灾面积中，因灾减产三成以上的农作物播种面积。
3. 农作物绝收面积：指农作物受灾面积中，因灾减产八成以上的农作物播种面积。

③用农业及经济损失情况进行判别。

判别标准如下：

如果出现绝收，则该次雹灾至少为中雹；如果只出现成灾，则最高为中雹灾；如果只有受灾面积数据，则该次雹灾最多为轻灾；提取顺序为绝收面积（Lz）、成灾面积（Lr）、受灾面积（Mj）、受灾村数（Mc）、粮食减产（Ms）和经济损失Mv。

标准化后，有灾害数据记录的案例共20 034条，另外有些降雹案例仅有发生时间的信息，无其他任何可以判别强度大小的数据，对这类无数据案例不可剔除，将其划归轻雹灾类别，雹灾指数全部赋值为10处理。

雹灾致灾指数赋值流程如图4-3所示，在中国雹灾案例数据库中首先对含有冰雹覆盖厚度信息的案例进行强度指数逻辑判断，并赋值，提取后形成冰雹致灾强度指数数据库1；剩余的雹灾案例数据库进入第二次提取，合并冰雹致灾强度指数数据库1的数据后，形成冰雹致灾强度指数数据库2，依此类推，通过雹灾指标分层次逻辑判断，逐步从中国雹灾案例数据库中经过5次提取符合条件的数据，最终形成中国冰雹致灾强度指数派生数据库。

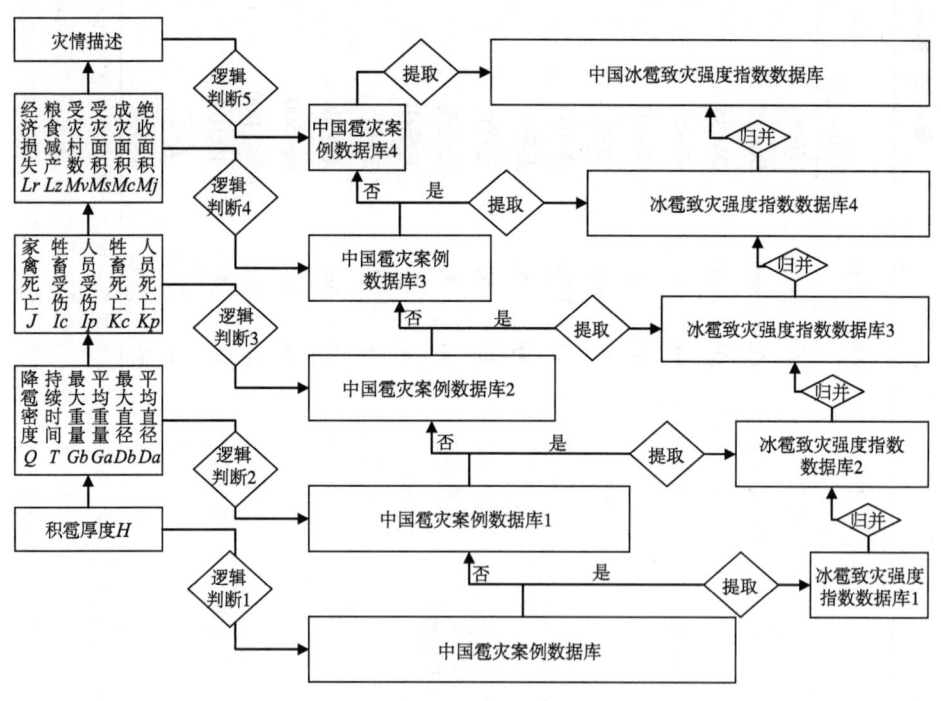

图4-3 雹灾致灾指数赋值流程

对中国冰雹致灾强度指数数据库进行统计，结果表明，轻雹灾占雹灾总数的40.96%，中雹灾占30.1%，重雹灾占19.57%，特重雹灾占9.36%，雹灾等级呈金字塔结构，这种结构符合雹灾的实际情况。

4.2.3 致灾因子危险性分析

从中国冰雹不同致灾强度水平下棉区范围内各县年发生频次中可以看出，随着致灾指数的增加，各县年降雹发生频次逐渐减少，在冰雹致灾指数>5、>40、>70、>90的强度水平下，雹灾年发生频次（雹灾发生次数/60）超过0.5（60年超过30次雹灾）的区县个数由121个、57个、18个降低到0个。冰雹致灾指数在>5的水平下年冰雹发生频次超过0.5的区县主要分布在京津地区、黄土高原、新疆阿克苏地区、川渝交界区域和江苏地区。中国特重雹灾（致灾指数90~100）空间分布格局与基于降雹日数编制的中国县域雹灾空间分布格局一致，这说明降雹多发区也是特重雹灾容易出现的地方。

4.3 棉花不同生育期雹灾脆弱性曲线的确定

棉花不同生育期的生长特点各异，遭遇雹灾后的恢复生长能力及对雹灾的抵抗力也有所不同。因此，确定不同生育期棉花雹灾损失脆弱性曲线，成为评价棉花各生育阶段雹灾风险的核心环节。为了能够科学合理的确定棉花雹灾脆弱性曲线，本研究采用了自然雹灾追踪观测法、人工雹灾控制试验法和历史雹灾案例灾情赋值法等研究方法，来完成棉花不同生育期雹灾脆弱性曲线的确定。

4.3.1 棉花生育期的划分

在棉花整个生育过程中，共经历播种期（t1）、苗期（t2）、蕾期（t3）、铃期（t4）和吐絮期（t5）5个生育时期。

播种期：棉花的播种时间因地区不同而有所差异，一般来说，棉花的最佳播种期在春季。黄河流域棉区播种一般在4月中旬；长江流域棉区的播种期在4月上旬就可播种；新疆棉区的播种期一般在4月15—25日播种。

苗期：苗期是指棉花从出苗到现蕾期间，持续40~45天。黄河流域棉区的苗期一般从4月底、5月初至6月上中旬，长江流域棉区的苗期从4月下旬至6月上旬。

蕾期：棉花蕾期是指从现蕾到开花期间，通常出现在6月上中旬至7月上旬之间。这一时期，棉花植株上开始形成花蕾，并逐渐开花，蕾期一般持续25~30天。

铃期：棉花的花铃期是指从开花至吐絮这一段时间，主要发生在7月上旬到8月底、9月初，持续50~60天。铃期在棉花生长周期中，开始从营养生长向生殖生长转变，是决定棉花产量和品质的关键时期。

吐絮期：棉花吐絮期为枯霜来临到生育结束的一段较长的时间。一般在8月下旬、9月初开始吐絮，持续70~80天，在这个时期，棉花陆续成熟、吐絮。是棉纤维生长发育的主要阶段。

我国地域辽阔，棉花种植范围十分广泛，不同区域的棉花生育期在时间上有较大差异，南方棉区播种要早于北方，各生育期提前，同一天发生的雹灾，如果发生在南方正处在棉花的蕾期，发生在北方则可能是棉花的苗期，因此，生育期的时间差可能会增加一些棉区发生雹灾的概率。按棉花生育期时间的一致性，我国分为华南及四川盆地区、华中及新疆南疆区、华北及新疆北疆区和东北南部区4个棉区。我国棉花最早于4月初在华南及四川盆地区已经开始播种，截至10月底，东北南部区棉花收获，棉花各个生育期时间段随着种植区域的北移而推后。

表4-9 中国棉花生育期时间表（月.日）

	播种出苗期	苗期	蕾期	铃期	吐絮期
华南及四川盆地	4.1至4.20	4.21至6.10	6.11至7.5	7.6至8.25	8.26至10.15
华中及南疆区	4.5至4.25	4.26至6.15	6.16至7.10	7.11至8.30	9.1至10.20
华北及北疆区	4.10至4.30	5.1至6.20	6.21至7.15	7.16至9.5	9.6至11.1
东北南部区	4.15至5.5	5.06至6.25	6.26至7.20	7.26至9.05	9.6至11.1
历时天数（d）	20	50	25	50	50

资料来源：（中国农业科学院棉花研究所，2019）。

为了评价不同生育期棉花遭受雹灾后的损失率，对不同区域棉花各生育期的时间段进行了确定，见表4-9。

中国冰雹灾害案例库中，每一条雹灾案例都含有发生县和日期字段，每次雹灾与该县棉花所处的生育期相对应，因为发生在棉花生育期之外的雹灾对棉花损失不会构成任何影响，因此将4个棉区的5个生育期时间段与降雹日期段一一对应，如评价华中及南疆棉区某县的棉花蕾期的雹灾风险，对应的致灾因子是此县60年来在6月16日至7月10日发生的雹灾。基于此方法，在中国雹灾案例数据库中提取出中国棉花播种期雹灾案例数据库（2 415个案例）、中国棉花苗期雹灾案例数据库（7 864个案例）、中国棉花蕾期雹灾案例数据库（5 823个案例）、中国棉花铃期雹灾案例数据库（8 093个案例）、中国棉花吐絮期雹灾案例数据库（2 405个案例）共5个子数据库。

对棉花生育期内逐日降雹频次进行统计，可以看出（图4-4），棉花苗期t2、蕾期t3和铃期t4是降雹频发时期，棉花播种期t1和吐絮期t5降雹次数则明显减少。

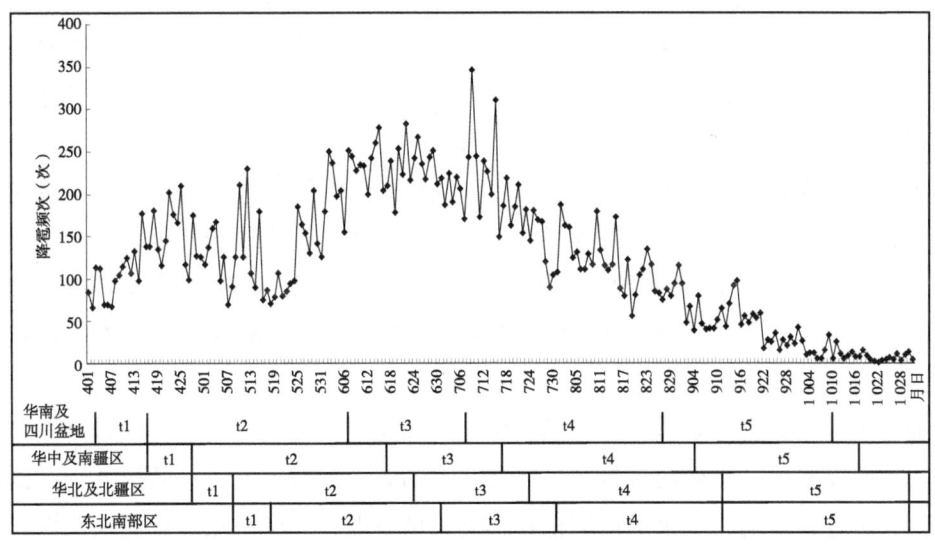

图4-4 中国不同区域棉花各生育阶段划分

本研究仅对棉花苗期、蕾期、铃期和吐絮期4个生育期进行风险评价，不考虑播种期，主要原因是在棉花播种期棉株尚未形成，幼苗遭遇雹灾基本需要毁种，另外，保险公司对棉花雹灾承保的时间段也不包括播种出苗期，考虑到评价结果的应用性，本研究不对棉花播种期其进行评价。在中国棉花不同生育期雹灾案例库中，有些数据含有棉花受灾情景的描述，在致灾强度指数已知的情况下，如果根据棉花雹灾的灾情描述，由定性到定量，可以确定其损失率值，在拥有一定案例数据量的情况下，即可拟合出不同生育期棉花雹灾损失脆弱性曲线。问题的关键是如何根据灾情确定棉花雹灾损失率，为了科学的确定不同生育期棉花遭受不同强度雹灾的损失率，本研究进行了自然雹灾的野外追踪观测和人工控制雹灾试验。

4.3.2 自然雹灾野外观测

自然雹灾是实际发生雹灾的情况，如果雹灾发生在棉区，对棉花造成了破坏，通过野外跟踪观测棉花在遭受雹灾后的恢复情况，测算其最终产量，可以有效地得出棉花雹灾损失率。

4.3.2.1 自然雹灾概况

2010年6月22日15：00，河北黄骅市中捷农场附近遭受雹灾，冰雹粒径大小一般如枣或棒棒糖，最大的有乒乓球大。降雹过程分为两场，两次降雹间隔时间约15 min左右，降雹持续时间约20 min。据当地一农民说这是他20多年内没有遇见过的雹灾。此时，当地小麦正处于收割时期，使未收割的小麦损失惨重，减产率在70%左右；棉花正处于苗期，大部分棉花被打成光杆，造成绝收，玉米叶被打成缕状，可以确定本次雹灾属于特重雹灾。

黄骅市位于河北省沧州地区，濒临渤海，地势平缓，东部平均海拔2～3 m，是传统的棉花种植区。夏季，海面气流与陆地气流冷暖不均，容易形成强对流天气，历史上发生雹灾较多。这次的降雹范围恰好覆盖了北京师范大学黄骅实验基地，实验基地种植的棉花遭受雹灾打击后，损毁严重，为本研究提供了难得的自然雹灾野外观测的条件。雹灾发生后的第二天，试验人员赶到基地，采集了苗期棉花雹灾灾情数据，并确定跟踪观测棉花恢复情况，在棉花吐絮期确定了这次雹灾的棉花损失率。

4.3.2.2 观测方法

民间有一种俗语叫做"雹打一条线"，这一条线就是雹击带，一次降雹过程中，冰雹大小和密度并不是均匀分布的，如图4-5所示。雹击带的降雹持续时间，一般几十分钟，长者可达几个小时。雹击带前进方向的右侧边缘清晰，与雹击带边缘也一致。一次降雹过程中，有最大雹块，最大雹块区大致沿雹击带长轴分布，其面积只占雹击带总面积的1/10左右，但降雹持续时间长，因此降雹中心带是受灾最为严重的区域。雹块大小在两侧一二百米距离内就可以从直径几厘米的大雹块减弱到没有冰块，右侧比左侧减少的更快。这种规律在黄骅实验基地棉区得到验证，梯度灾情表现的非常明显。因此在黄骅重大雹灾中选取雹击带左侧棉区划分灾情等级，进行跟踪观测。

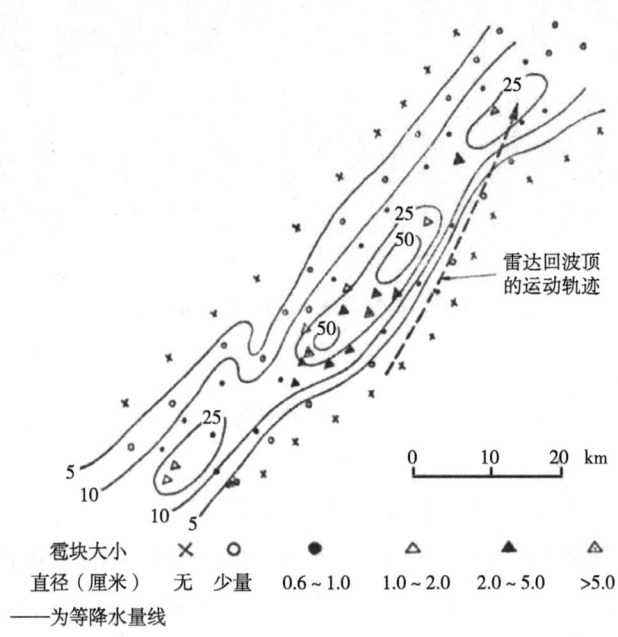

图4-5 雹击带特征示意图

引自：(雷雨顺等，1978)。

黄骅实验基地的该次降雹过程为确定棉花苗期雹灾损失率提供了难得的机会，2010年6月23日上午，根据灾情选取了特重雹灾、重雹灾、中雹灾、轻雹灾4个致灾等级的棉花雹灾观测点以及1个无雹灾棉花对照区，见图4-6。雹灾强度等级对应的灾情现状分别是光秆、断头有叶片、断头不多有落叶、无断头有落叶叶片打碎4种情形。

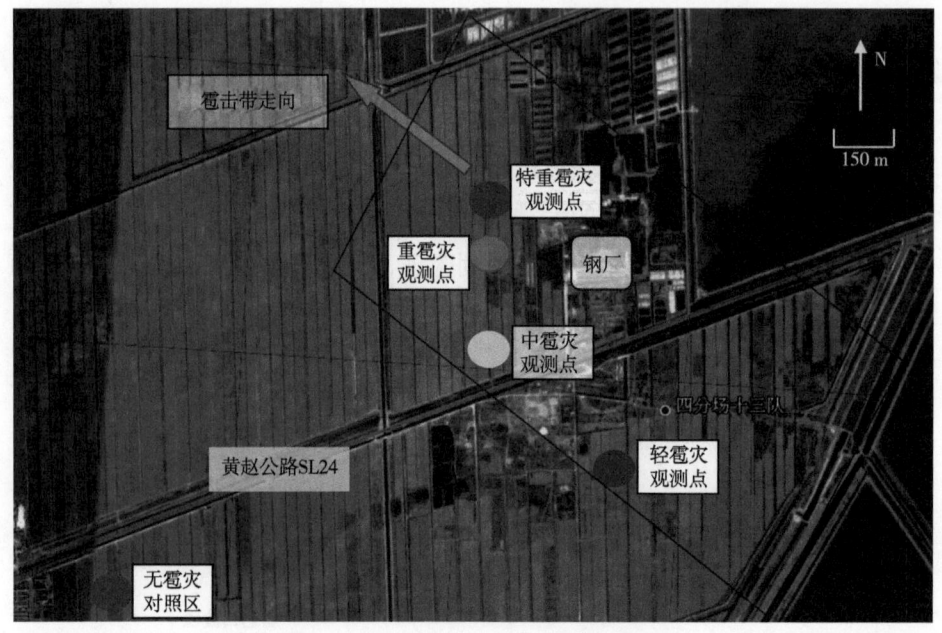

图4-6 自然雹灾观测区位置示意图

（1）特重雹灾观测点

选取样方的地点：北京师范大学黄骅实验基地，位于钢厂西侧田间小路北。

选取样方数量：共计选取样方3个。

正对钢厂东西向田间小路北，该块试验田中种植的棉花遭受雹灾最为严重，所有棉株已经没有生长点，棉叶全部被打掉，成了光秆，垄边雹痕累累，雹痕有乒乓球大小，可以判断此处属于特重雹灾区。该棉花雹灾样方主要是统计棉株数量和棉花高度见表4-10。

表4-10 棉花苗期特重雹灾受灾性状

	面积	棉株数	平均株高	有生长点棉株数	有叶片棉株数
样方1	2 m×2 m	24	17	0	0
样方2	2 m×2 m	16	18	0	0
样方3	2 m×2 m	21	15	0	0

（2）重雹灾观测点

选取样方的地点：河北黄骅实验基地，位于正对钢厂东西向田间小路南。

选取样方数量：共计选取观测样方3个。具体情况见表4-11。

样方选取具体位置是正对钢厂东西向田间小路南，与特重雹灾区相距仅100 m，但受灾明显比特重雹灾较轻，部分棉株有叶片残留。

表4-11 棉花苗期重雹灾受灾性状

样区1			样区2			样区3		
株高(cm)	灾后剩余叶片数	有无生长点	株高(cm)	灾后剩余叶片数	有无生长点	株高(cm)	灾后剩余叶片数	有无生长点
16	1	有	5	光秆	无	8	2	有
14	光秆	无	12	1	无	12	光秆	无
6	光秆	无	12	光秆	无	9	1	有
21	2	有	16	1	无	12	1	无
19	光秆	无	19	光秆	有	16	2	有
11	光秆	无	12	1	无	8	1	有
21	1	有	11	3	有	9	光秆	无
15	1	有	13	光秆	无	13	光秆	无
15	1	有	14	2	有	6	1	无
14	3	有	16	1	有	12	1	有
12	光秆	无						
18	1	有						

样方1：该样方共包括棉花12株，有5株棉花被打成光秆，5株棉花被打坏了生长点，光秆率和生长点破坏率均为41.7%。

样方2：该样方共包括棉花10株，有4株棉花被打成光秆，6株棉花被打坏了生长点，光秆率为40%，生长点破坏率为60%。

样方3：该样方共包括棉花10株，其中有3株棉花被打成光秆，5株棉花被打坏了生长点，光秆率为30%，生长点破坏率50%。

（3）中雹灾观测点

选取样方的地点：河北黄骅实验基地，位于钢厂南、黄赵公路（SL24）北侧的棉田。

选取样方数量：共计选取样方3个。具体情况见表4-12。

表4-12 棉花苗期中雹灾受灾性状

样区1			样区2			样区3		
株高（cm）	灾后剩余叶片数	生长点	株高（cm）	灾后剩余叶片数	有无生长点	株高（cm）	灾后剩余叶片数	有无生长点
15	2	有	15	2	无	10	2	有
16	4	有	12	光秆	无	14	2	有
12	光秆	有	12	3	有	9	3	有
13	1	有	16	4	有	12	1	无
21	光秆	无	14	3	有	10	4	有
18	3	有	13	4	有	16	3	有
16	2	有	11	4	有	21	2	无
21	3	有	13	4	有	17	1	无
19	2	有	15	2	有	15	3	有
15	4	有	13	4	有	19	4	有
12	1	无				18	4	有
17	4	有						

选取样区距离重灾区南150 m，受灾相对较轻，棉株平均有3~4个叶片残留，叶柄未脱落，断头的较少。

样方1有12株棉花，2株棉花被打成光秆，另外有2株棉花生长点被破坏，光秆率为16.7%，生长点破坏率为16.7%。

样方2共包括棉花10株。有1株棉花被打成光秆，有2株棉花被打坏了生长点，光秆率为10%，生长点破坏率为20%。

样方3共包括棉花11株。有3株棉花被打坏了生长点。

（4）轻雹灾观测点

选取样方的地点：河北黄骅实验基地，位于钢厂南、黄赵公路（SL24）南侧的棉田。

选取样方数量：共计选取样方3个。具体情况见表4-13。

表4-13 棉花苗期轻雹灾受灾性状

	棉株数	平均株高	无生长点棉株数	光秆棉株数
样方1	13	19	0	0
样方2	12	17	0	0
样方3	10	18	0	0

位于钢厂南侧，黄赵公路（SL24）以南棉区受雹灾影响较轻，没有被打成光秆的棉株，生长点有的被破坏，但并未打光，叶片被穿孔，打碎，地面上有少量落叶。

（5）无雹灾对照观测点

通过踏勘观察发现，冰雹强度由钢厂向西南方向递减明显，在距离钢厂西南约1 km的棉田完好无损，未遇到冰雹。在此处选择远离雹灾区的棉田作为对照组，进行对比观测。

4.3.2.3 损失率的确定

2010年9月22日，正值棉花吐絮期，基本可以定产，本研究对雹灾试验棉区进行了测产统计。在样方小区随机抽取了10株棉花，对其恢复情况进行了测量，包括分枝个数、株高、棉桃数、桃长、花铃个数。然后对试验小区所处的大田统计了3行恢复棉株数和死亡棉株数，测算出棉株死亡率。具体情况见表4-14和表4-15。

表4-14 棉花苗期遭受不同强度雹灾的恢复状况均值

雹灾强度	分枝数（个）	株高（cm）	棉桃数（个）	桃长（cm）	花铃数（个）
特重雹灾	4.2	80.9	3.4	4.24	14
重雹灾	4.5	78.1	8.2	4.17	10

（续表）

雹灾强度	分枝数（个）	株高（cm）	棉桃数（个）	桃长（cm）	花铃数（个）
中雹灾	2	80.4	11	4.22	16.6
轻雹灾	2.8	83	18.2	4.45	2.8
无雹灾	1	92.7	19.4	4.98	5.3

表4-15 棉花苗期不同冰雹致灾强度下的棉株死亡率

冰雹强度	棉行数	成活棉株数	死亡株数	死亡率（%）
特重	第1行	46	112	70.89
	第2行	106	94	47
	第3行	46	113	71.07
	均值			62.99
重雹	第1行	59	11	15.71
	第2行	55	9	14.06
	均值			14.89
中雹	第1行	121	2	1.63
	第2行	116	5	4.13
	第3行	118	2	1.67
	均值			2.47
轻雹	第1行	113	0	0
	第2行	118	0	0
	均值			0

通过观测发现特重雹灾棉花分枝较多，每株平均有4个分叉，平均株高80.9 cm，最多棉桃个数8个，最少1个，平均3.4个棉桃，棉桃平均长度4.24 cm。这次特重雹灾把棉花打成了光秆，后期恢复中，有很多棉株死亡，为了精准测算棉花遭受不同程度的雹灾打击后的恢复能力，统计了3行死亡棉株数，每一行分别计算成活率，最后求平均值。

棉株成活率计算公式如下。

$$Ml(\%) = \frac{Md}{(Md+Mf)} \times 100 \qquad 式（4-1）$$

式中，Ml表示棉株成活率；Md表示成活棉株数；Mf表示死亡棉株数。

计算结果表明，特重雹灾、重雹灾、中雹灾和轻雹灾苗期棉花平均死亡率分别为62.99%、14.89%、2.47%和0。

苗期棉花遭受不同强度雹灾的损失率计算分为两种，一种是单株损失率，一种是大田损失率。单株损失率计算公式如下。

$$Ldi(\%) = (1 - \frac{Ggi \times Gci}{Bg \times Bc}) \times 100 \qquad 式（4-2）$$

式中，Ldi表示i强度雹灾棉株减产率；Ggi表示i强度雹灾观测单株棉桃数均值；Gci表示i强度雹灾观测单株棉桃长度均值；Bg表示无雹灾对照棉株棉桃数均值；Bc表示无雹灾对照棉株棉桃长度均值。

棉花单株不同强度雹灾苗期减产率计算结果见表4-16。

表4-16 棉花苗期雹灾单株减产率情况

雹灾强度	棉桃个数均值	棉桃长度均值（cm）	减产率（%）
特重雹灾	3.4	4.24	85.08
重雹灾	8.2	4.17	64.61
中雹灾	11	4.22	51.95
轻雹灾	18.2	4.45	16.17
无雹灾	19.4	4.98	0

从表4-16中可以看出，随着雹灾强度的增加，平均单株棉花的桃数递减，棉桃长度也呈现逐级减少的趋势，但是特重雹灾的单株棉花的棉桃长度均值却处在轻雹与中雹之间，出现了逆势现象，这是由于特重雹灾棉株棉桃数量少，整株棉株的营养供少数棉桃，致使棉桃生长较好。由于棉桃数量少，特重雹灾的棉桃长度出现的逆势现象，并不影响其造成棉花减产率的测

算次序，计算结果特重雹灾、重雹灾、中雹灾和轻雹灾苗期单株损失率分别为85.08%、64.61%、51.95%和16.17%，对应灾情分别属于绝收、损失惨重、损失严重和损失较轻。

如果考虑遭受雹灾后的棉株成活率Ml，则得到棉花大田减产率，计算公式如下。

$$Ldi(\%) = (1 - \frac{Ggi \times Gci \times Ml}{Bg \times Bc}) \times 100 \qquad 式（4-3）$$

根据式4-3，计算得到的棉花苗期大田减产率情况，见表4-17。

表4-17 棉花苗期雹灾大田减产率情况

雹灾强度	棉桃数量（个）	棉桃长度（cm）	棉株成活率（%）	减产率（%）
特重雹灾	3.4	4.24	37.1	94.46
重雹灾	8.2	4.17	85.1	69.88
中雹灾	11	4.22	97.1	53.35
轻雹灾	18.2	4.45	100	16.17
无雹灾	19.4	4.98	100	0

计算结果表明，特重雹灾棉花死亡率较高，大田棉花减产率达到94.46%，重雹灾次之，减产率达到69.88%，中雹灾为53.35%，而轻雹灾没有造成棉株死亡，最终计算的棉花大田减产率与单株棉花平均减产率相等，为16.17%。

由此，计算了两套棉花苗期雹灾损失率，在为雹灾案例库中棉花苗期灾情描述进行量化赋值时，应考虑棉株死亡率这一重要影响因素，因此采用大田损失率为参考标准。

4.3.3 人工雹灾模拟试验

采用自然雹灾追踪观测棉花损失率是最好的研究方法，但是自然降雹机会较少，在较短的时间内很难完成棉花不同生育期不同强度雹灾损失率数据的完整采集，因此，本研究设计了人工控制雹灾试验，来测定棉花其他生育期不同强度雹灾损失率。试验田选取北京东部的河北省三河市燕郊镇荣家庄村,该地区植棉历史悠久,另外距离北京师范大学区域地理研究实验室1个小时的车程,便于试验开展。

4.3.3.1 试验方案

(1)小区布置

整块试验田作为一个种植大区,采用统一的种植与管理制度。试验田宽7.7 m,长200 m,南北狭长走向,如图4-7。雹灾试验小区(C)按生育期、雹径大小和降雹密度的差异采用裂区设计,裂区采用插钎法划分。试验小区共计540个(18种雹灾情景×3次重复×8个发生时间),每个试验小区宽0.85 m,长1.0 m,面积为0.85 m²;保护行长200 m,宽2 m。

序号	保护行	行距 60 cm	东西宽 0.85 m,南北长1 m	中路宽 1.7 m	东西宽 0.85 m,南北长1 m	行距 60 cm	东西宽 0.85 m,南北长1 m	行距 60 cm	保护行
1	C1		C201		C401		C601		C801
2	C2		C202		C402		C602		C802
3	C3		C203		C403		C603		C803
4	C4		C204		C404		C604		C804
…	…		…		…		…		…
189	C189		C389		C589		C789		C989
190	C190		C390		C590		C790		C990
…	…		…		…		…		…
200	C200		C400		C600		C800		C1 000

图4-7 人工冰雹试验小区布设(10行区)

(2)雹灾情景

降雹强度情景由冰雹直径、降雹密度和降雹时长3个参数控制。本试验采用固定降雹时长,分别设计6种冰雹直径范围和3种降雹密度的设计,共计18种降雹强度情景(表4-18)。

表4-18 模拟降雹情景设计

冰雹直径	R=1.0 cm	R=1.5 cm	R=2.0 cm	R=2.5 cm	R=3.0 cm	R=5.0 cm
降雹密度	150粒/m^2、300粒/m^2、450粒/m^2					
小区面积	0.85 m^2（按1 m^2计）					
重复次数（一次试验）	3次					
冰雹数量（一次试验）	450+900+1 350=2 700，合计：16 200					

模拟试验使用的冰雹是通过冰球模具冻制而成，这样可以控制冰雹直径大小，冻制冰球的方法可以更接近实际冰雹性状。

（3）观测项目

观测项目包括冰雹对棉花植株造成的破坏性影响及其受灾后的生物性状特征。观测项目数据是分析雹灾对棉花生育及产量损失的基础，根据生育期的不同各有侧重，主要涉及生长点、叶片、主茎砸伤程度和蕾、棉桃损失等。据此制定棉花雹灾试验灾情观测项目（表4-19）。

表4-19 棉花雹灾试验灾情观测项目

观测时间	生长点	叶片损失	枝茎损失	花蕾损失	棉铃损失	产量损失
灾前	生长点数	叶面积	果枝数	花蕾数	棉桃数	
灾后	生长点数 顶尖折断（是/否）	叶面积 落叶数 破叶数	果枝数 落枝数 断枝数	花蕾数	棉桃数	实产-理论产量
跟踪	生长点数	叶面积	果枝数	花蕾数	棉桃数	

观测时，采用单株计数法、小区统计平均法、照相法对雹灾试验后的灾情进行现场观测。采用跟踪观测法（自雹灾发生之日起到收获后隔周观测）对雹灾发生后棉花植株恢复的情况进行观测。

根据设计，在棉花蕾期、铃期、吐絮期共做了8次棉花雹灾试验，其中蕾期3次，铃期4次，吐絮期1次。需要说明的是在冰雹发射机器研制的过程中，错过了苗期的试验，恰好有苗期的自然雹灾观测数据，可以相互补充。

4.3.3.2 损失率的确定

根据试验设计，将冰雹强度模拟情景归并为4个等级，与冰雹灾害分类等级系统相对应，情景如下。

特重雹灾模拟情景：雹径50 mm，降雹密度超过300粒/m²；或雹径30 mm，降雹密度450粒/m²。

重度雹灾模拟情景：雹径50 mm，降雹密度150粒/m²；或雹径30 mm，降雹密度300粒/m²；或雹径25 mm，降雹密度450粒/m²。

中度雹灾模拟情景：雹径20～25 mm，降雹密度150～300粒/m²；或雹径15～20 mm，降雹密度450粒/m²。

轻度雹灾模拟情景：雹径达到10～15 mm，降雹密度150～300粒/m²；或雹径10 mm，降雹密度450粒/m²。

棉花收获期间，在棉花蕾期、铃期和吐絮期3个生育期的试验序列中，各选取了一次试验数据，每个试验小区随机选取3株棉花，统计其剩余桃数及桃长，求平均值，与未受灾的对照组棉花进行比对。由于蕾期、铃期和吐絮期棉花植株已经长得比较壮实，组织韧性较强，试验过程中遭遇雹灾打击后没有出现死亡植株，因此，这3个生育期棉花雹灾减产计算采用公式（3-2）。根据公式，计算了蕾期、铃期、吐絮期的棉花损失率，结合自然雹灾观测的苗期损失结果，最终获取了不同雹灾强度下的棉花各生育期损失率表，见表4-20。

表4-20 棉花各生育期不同强度雹灾损失率　　单位：%

雹灾强度	苗期	蕾期	铃期	吐絮期
特重雹灾	94.46	73.21	89.29	74.44
重雹灾	69.88	69.79	77.50	56.00
中雹灾	53.35	42.12	59.97	41.00
轻雹灾	16.17	34.38	35.03	29.74

4.3.4 棉花历史雹灾案例损失率赋值

表4-20的数据为不同强度雹灾范围内的损失率平均值，在棉花雹灾案例库中，可根据棉花灾情特点来判断其雹灾强度，并为其造成的棉花损失率进行赋值，赋值时参照不同雹灾强度棉花损失率平均值，以平均值为中心上下浮动，浮动范围不超过各自致灾强度范围造成棉花损失率的赋值区间，赋值区间的极值按雹灾相邻强度的中心点间的平均距离进行划分。比如苗期轻雹灾平均损失率为16.17%，中雹灾平均损失率为53.57%，则棉花苗期轻雹灾损失率赋值区间的上限取值为16.17%+（53.35%-16.17%）/2=34.76%。

据此，得到棉花各生育期不同程度雹灾灾情特点及参考损失率赋值区间标准，见表4-21。根据此赋值标准，每一个有棉花灾情描述的雹灾案例都得到致灾强度指数和棉花损失率数据，为接下来进行的棉花雹灾脆弱性曲线拟合奠定了数据基础，通过脆弱性曲线，可以反演计算其他雹灾造成的棉花损失率，为棉花雹灾风险评估提供数据支撑。

表4-21 棉花雹灾案例损失率赋值标准

生育期	雹灾强度	灾情特点	参考损失率（%）
苗期	轻雹灾	棉苗受损；对育苗有一定的影响；棉苗被破坏	0~34.76
	中雹灾	损坏棉苗；棉花损失严重；棉苗被打烂	34.76~61.62
	重雹灾	棉花尖被打断，棉花断头率60%~70%；棉花被打坏，需要填补；棉花受灾严重，大部分需要毁种，补种	61.62~82.17
	特重雹灾	棉花苗被打成光秆；棉花基本被砸光；棉花需要重播	82.17~100
蕾期	轻雹灾	棉花叶子被打破；棉花叶子被冰雹打落	0~38.25
	中雹灾	棉花叶被打烂，部分棉蕾被打落；棉花基本被打成光头；棉花叶片基本砸光	38.25~55.96
	重雹灾	棉花被削尖，损失惨重；棉花尖、旁枝打断、叶打落、部分植株枯死；棉花叶子被砸光，生长点被砸掉	55.96~71.50
	特重雹灾	蕾花枝被打掉或成光秆；棉花受雹后仅剩秸秆	71.50~100

（续表）

生育期	雹灾强度	灾情特点	参考损失率（%）
铃期	轻雹灾	棉叶穿孔；棉叶部分脱落	0~47.50
	中雹灾	棉叶大部分被砸掉；棉花被打掉头；棉花叶子被打光	47.50~68.75
	重雹灾	棉花叶子全部被砸碎；棉蕾、棉桃被打落；棉田果枝被打断，花铃脱落	68.75~83.40
	特重雹灾	棉叶蕾铃基本被打光棉铃脱落满地；受灾后棉田大面积被毁，棉铃、花蕾、枝叶铺满沟壑；枝叶满地，整个棉田被砸的矮了一截	83.40~100
吐絮期	轻雹灾	棉叶脱落	0~35.37
	中雹灾	棉花被打得枝残叶碎；毁坏棉花	35.37~48.50
	重雹灾	棉花叶打光，花桃大部打掉；棉叶大部分被砸碎，有的掉头断枝	48.50~65.22
	特重雹灾	连桃带枝全部扑倒在地，只剩光秆	65.22~100

4.3.5 棉花雹灾损失脆弱性曲线拟合

棉花雹灾脆弱性评价是风险评价的核心环节。目前关于脆弱性定量评估的方法有两种：一种是基于指标体系的脆弱性评估，另一种是拟合脆弱性曲线方程。基于指标体系的脆弱性评估，通常是在脆弱性机制和原理不完全明了，灾害损失数据难以获得的情况下采用的方法，它表征的是承灾体脆弱性状态。脆弱性曲线又叫脆弱性函数，用于衡量不同致灾因子强度与损失之间的关系，表示形式多为表格或曲线。脆弱性曲线可通过试验模拟、灾害损失案例或保险数据反演获得。棉花雹灾脆弱性曲线表征的是雹灾强度与棉花损失之间的关系，它是棉花自身的物理特性。本书在收集大量棉花雹灾案例的基础上，基于SPSS曲线估计与非线性拟合平台、MATLAB画图功能，分别拟合了苗期、蕾期、铃期和吐絮期的雹灾脆弱性曲线。

不同生育期棉花雹灾脆弱性曲线拟合具体包括以下步骤。

第一，前提假设。为构建棉花雹灾脆弱性曲线，本研究默认为全国所种植棉花品种均为同一品种，这样弥补了数据不足的缺陷。

第二，不同生育期案例提取。基于全国不同地区棉花生育期划分，从全国雹灾案例库中，分别提取不同生育棉花雹灾案例，并确定棉花损失率。棉花苗期、蕾期、铃期和吐絮期的案例个数分别为104、103、92和15。

第三，不同生育期脆弱性曲线函数拟合。脆弱性曲线函数拟合由函数类型判定和参数厘定两部分组成。

函数类型的判定是基于SPSS的Curve Estimation模块进行函数类型的判定，选择拟合系数较高，且符合收敛规律的函数作为脆弱性曲线的函数。最后选择的苗期、蕾期、铃期和吐絮期的函数类型分别是指数函数、三次曲线、对数曲线和对数曲线，相关系数分别为0.615、0.690、0.609和0.651。

参数厘定是根据函数类型判断结果，基于SPSS中Regression下的Nonliner曲线拟合平台，确定函数中的系数，最终确定各生育期棉花雹灾脆弱性曲线函数。函数方程分别如下。

苗期：

$$Y=\exp(4.611-18.568/x) \qquad 式（4-4）$$

蕾期：

$$Y=2.104x-0.022x^2+9.594\text{E}-5x^3 \qquad 式（4-5）$$

铃期：

$$y=-119.721+62.429\times\lg(14.185x+84.062) \qquad 式（4-6）$$

吐絮期：

$$Y=-103.087+77.514\times\lg(2.115x+21.967) \qquad 式（4-7）$$

不同生育期脆弱性曲线绘制：基于MATLAB软件，根据所拟合的函数，绘制了棉花不同生育期雹灾脆弱性曲线（图4-8）。

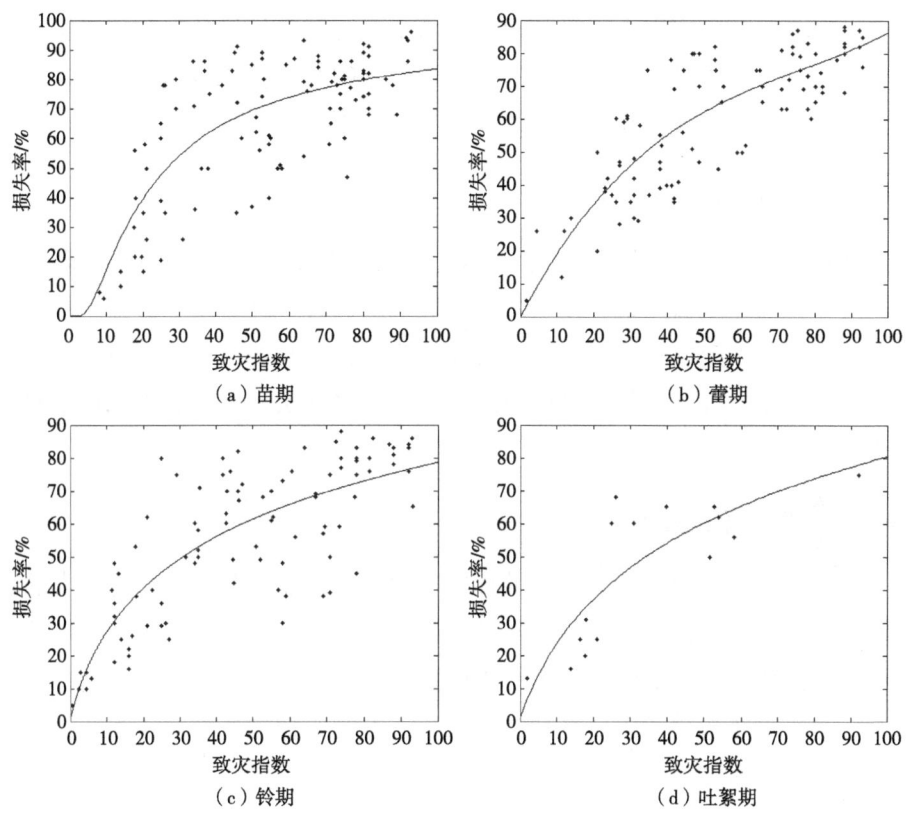

图4-8 中国棉花不同生育期雹灾脆弱性曲线

4.4 棉花雹灾风险评价

根据冰雹致灾强度指数和棉花损失率脆弱性曲线，本研究计算了每一次雹灾对棉花造成的损失率。根据每次雹灾的棉花损失率，计算得到县域60年序列的每一年的棉花雹灾年损失率。有了各年的损失率，就可以计算出棉花雹灾多年平均损失率，从而得到县域棉花雹灾风险。

4.4.1 棉区的划分

棉花属喜温作物，在≥15℃，积温低于2 600℃的地方，不适宜棉花生长，开花结铃期的月平均温度要求在24℃以上，一般以年日照2 000 h以上为好，以排水良好的略带碱性的冲积壤土为宜。根据以上棉花对生态条件的要求，结合棉花生产特点，以及棉区分布状况、社会经济条件和植棉历史，将全国划分为五大棉区（马家璋等，1989），即：长江流域棉区、黄河流域棉区、西北内陆棉区、北方特早熟棉区和华南棉区。

4.4.1.1 长江流域棉区

该棉区是我国历史上棉花单产水平最高、现实生产水平仍然较高的棉区。南界自福建戴云山起，沿"两广"北边的五岭，经贵州中部分水岭至四川大凉山；北以秦岭—淮河、苏北总干渠为界，西起川西高原东麓，东至沿海。该区水热条件好，伏天日照充足，有利于多结伏秋桃，适于栽培中熟陆地棉。

4.4.1.2 黄河流域棉区

该棉区是我国植棉面积最大的棉区。北界自山海关起，沿河北境内的燕山向西，再沿太行山东麓向南，然后由河南境内的天台山折向山西境内的霍山，再经由陕西境内的北山连至甘肃南边的岷山划一直线；西起陇南，东至海滨。本区水热条件适中，春秋日照充足，有利于棉花早发稳长和吐絮，适于栽培中、早熟陆地棉。

4.4.1.3 西北内陆棉区

这是我国植棉历史悠久、近10年来发展最快的棉区。本区在六盘山以西，包括新疆全区，甘肃河西走廊和沿黄灌区。本区日照充足，气候干旱，温差大，有利于棉花生长，蕾铃脱落率低，经济产量系数高。可种植中、早熟陆地棉或中、早熟海岛棉。东疆和南疆是目前国内最大的长绒棉生产基地。

4.4.1.4 北部特早熟棉区

这是一个植棉面积不大、历史也较短的棉区，位于黄河流域棉区以北，北界大体相当于2 600℃活动积温线。棉花产区主要在辽宁，另外还包括冀北、陕北和陇东等零星产区。本区日照较为充足，夏季日照时间较长，昼夜温差大，利于多结伏桃。本区热量条件较差，只能种早熟、特早熟陆地棉。

4.4.1.5 华南棉区

该棉区是我国最早开展棉花种植的区域，但目前已演变为种植棉花面积最小的零星产区。本区热量资源非常充足，雨水也相当多。有些地方终年无霜，棉花可以越冬，适宜种植中熟海岛棉和中晚熟陆地棉，棉田多为一年两熟。由于本区的自然特点优越，种植其他经济作物收益更大，导致棉田面积一再收缩，目前，本区的棉田面积仅有数万亩，亩产很低，很少提供商品棉。

棉区的划分很好地揭示了我国主要产棉区的分布及特点，为区域科学管理提供了科学依据，在棉花雹灾风险评价中，棉区也是分析评述的区域背景。根据我国适宜植棉区范围和棉花生长期时间段，在我国雹灾案例库中提取出棉花雹灾风险评价数据库。

4.4.2 棉花雹灾风险计算模型

本研究首先计算了1950—2009年60年的各县棉花雹灾逐年损失率，再统计分析不同损失程度发生的概率，发生概率越大，风险越大。由于年内不同强度的雹灾是相继发生的，它们对作物产量的影响是连续的，因此，年度棉花雹灾损失率是一年内多次雹灾的累加。由于一个县域内在同一年中有可能会发生超过2次的雹灾，因此，要确定所有雹灾发生先后顺序及每一次造成的损失，在第一次损失的基础上，再计算第二次雹灾造成的损失，然后累加每次雹灾造成的损失，从而得到各县年度棉花雹灾损失率。

年度棉花雹灾损失率计算公式如下。

$$S_a = \sum_{i=1}^{n} S_i - \prod_{i=1}^{n} S_i = 1 - \prod_{i=1}^{n}(1-S_i) \qquad 式（4-8）$$

式中，Sa为年度棉花雹灾损失率，Si为年内第i次棉花雹灾损失率。由于年内各次雹灾是相继发生的，它们对作物产量的影响是连续的。因此，第i次雹灾对于无灾条件下的损失率S_i'应是以前各次雹灾的剩余（产量）率与第i次雹灾损失率的乘积。故有：

$$S_1' = S_1$$

$$S_2' = (1-S_1)S_2$$

$$S_3' = (1-S_1'-S_2')S_3 = (1-S_1)(1-S_2)S_3$$

……

$$S_n' = (1-\sum_{i=1}^{n-1}S_i')S_n = (1-S_1)(1-S_2)\cdots\cdots(1-S_{n-1})S_n$$

因此：

$$S_a = \sum_{i=1}^{n}S_i' = S_1+(1-S_1)S_2+(1-S_1)(1-S_2)S_3+\cdots\cdots=1-\prod_{i=1}^{n}(1-S_i)$$

举例说明，假设下表4-22中ID为130983的县1982年发生4次雹灾，且强度不同，发生日期分别处在棉花的苗期、蕾期、铃期和吐絮期，计算该年棉花雹灾损失率。

表4-22　1982年某县发生4次雹灾后棉花雹灾损失率计算

序号	县ID	发生年份	发生日期（月.日）	棉花生育期	雹灾强度指数	棉花损失率（%）
1	130983	1982年	5.15	苗期	50	42
2	130983	1982年	6.27	蕾期	24	38
3	130983	1982年	7.28	铃期	20	27
4	130983	1982年	9.02	吐絮期	25	15

根据以上公式

年损失率=42%+38%×（1-42%）+27%×[1-38%×（1-42%）]+15%×{1-27%×[1-38%×（1-42%）]}

=42%+22.04%+9.71%+3.94%=77.69%

第一次：损失42%，还剩余58%；

第二次：在剩余的基础上又损失38%，即58%×38%=22.04%；现在总损失42%+22.04%=64.04%，还剩余35.96%；

第三次：在剩余的基础上损失27%，即35.96%×27%=9.71%；现在总损失42%+22.04%+9.71%=73.75%，还剩余26.25%；

第四次：在剩余的基础上损失15%，即26.25%×15%=3.94%；现在总损失42%+22.04%+9.71%+3.94%=77.69%。

则1982年该县发生雹灾4次，因雹灾累计造成棉花损失率为77.69%。

根据式（4-8），计算了棉区各县60年的各年度棉花雹灾损失率，对年度损失数据进行统计，得到固定损失算概率和固定概率算损失两种情景的风险。

4.4.3 固定损失算概率风险

根据棉区各县1950—2009年各年度棉花雹灾损失率，分别统计出棉花全生长期、苗期、蕾期、铃期和吐絮期的中国棉花因雹灾年损失超过5%、10%、20%、40%、60%和80% 6种损失程度的发生概率风险。

4.4.3.1 全生育期

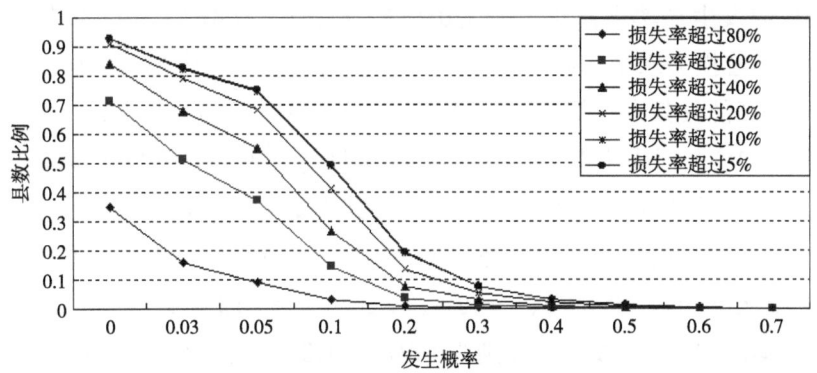

图4-9 棉花全生育期不同损失水平发生概率的县数比例

从棉花整个生育期来看，见图4-9，年损失率超过5%和超过10%的概率相同时，其县数比例变化不大，无论哪种损失水平，全国大部分县发生的概率都比较低，处在0.2以下，也就是5年一遇的风险水平，概率大于0.2的县较少。年损失率从≥80%、≥60%、≥40%、≥20%、≥10%到≥5%，发生概率的上限分别为0.43、0.58、0.72、0.78、0.80、0.80。发生概率≥0.2的县数比例从0.8%、3.5%、7.7%、13.7%、19.2%增加到19.5%。年损失超过80%水平的年份属于特大雹灾年份，其发生概率从≥0.4、≥0.3、≥0.2、≥0.1、≥0.05、≥0.03到≥0.015，出现的县数占适宜棉花种植县总数的比例由低到高逐渐增加，分别为0.1%、0.3%、0.8%、3.1%、9.3%、15.9%和34.7%，发生概率≥0.4的仅有2个县，这说明一个县遭受棉花雹灾绝收的可能性较少，即使经常发生雹灾的县，造成80%以上减产的概率是较低的，大部分县发生概率低于0.03。

从空间分布来看（彩图3），全国大部分棉区发生雹灾损失的概率都比较低，在年损失率超过5%水平下，发生概率大于40%的县主要集中在江苏安徽大部、山西东部、河北北部，四川盆地北部，云南贵州交界处及新疆阿克苏地区。随着损失率水平的提高，这些地区发生概率逐级减少。年损失超过80%，发生概率较高的地区主要分布在山西东部、新疆阿克苏地区，这说明这些地区是棉花雹灾风险较大的区域，应重点进行防范。

4.4.3.2 苗期

雹灾造成苗期的损失率从≥80%、≥60%、≥40%、≥20%、≥10%到≥5%的发生概率上限值分别为0.117、0.250、0.467、0.617、0.633和0.633，随着损失水平的减小，发生概率逐渐增加。损失率≥80%水平下发生概率最高的县其发生概率为11.7%，到损失率在≥10%水平下，发生概率增加到63.3%，损失率在≥10%和≥5%两种情形下的最高发生概率没有变化，说明这两种情景下发生概率最高的县其遭受雹灾最高年次是一样的，没有出现损失更低的年份。从县数比例来看，全国1 888个适宜植棉县中，在年损失率从≥80%、≥60%、≥40%、≥20%、≥10%到≥5%不同水平下，发生概率≥0.05的县数比例分别为0.8%、11.8%、24.5%、40.5%、41%、41.3%，损失率从≥80%到≥60%的县数比例出现快速增加。年损失超过80%，发生概率大于0.05的县仅有15个，所占比例很小。

从空间分布来看（彩图4），棉花雹灾风险空间分布较为广泛。从损失率≥5%水平下的发生概率分布图中可以看出，高概率发生区域集中在长江流域棉区、黄河流域棉区及西北内陆棉区。其中，四川盆地北部大巴山区、黄淮平原、京津地区、新疆阿克苏等地区属于发生概率较高的地区，年发生概率在0.20以上。而华南棉区、北部特早熟棉区的发生概率较低，其中，东南丘陵地区大部分区县没有雹灾发生。

随着损失水平的增加，这种空间分布格局基本不变，但概率逐渐减小，范围逐渐缩小。在损失率≥60%的水平下，呈零星分布，概率大部分在0.1以下。发生损失率≥80%的特重雹灾的区县更少，然而在西北内陆棉区的阿克苏地区却成片分布,该地区雹灾发生特重雹灾的概率处在全国前列,是苗期重点防范区。

4.4.3.3 蕾期

经过统计,60年间,在棉花蕾期这一生长时段内曾经遭遇雹灾且造成年损失率≥80%的县共有238个,但发生概率比较低,发生概率≥0.03的有57个县,发生概率≥0.05有21个县,只有2个县发生概率大于0.1,大部分县发生概率低于0.03,即100年内在蕾期遇到这种特重雹灾不会超过3次。从损失率≥80%、≥60%、≥40%、≥20%、≥10%到≥5%,蕾期发生这一系列损失的概率≥0.05的县数分别为21个、158个、226个、253个、419个和422个,占全部评价单元的比例分别为1.1%、8.37%、12%、13.4%、22.2%、22.4%。这一结果表明,随着雹灾损失程度的减少,蕾期20年一遇概率水平下的县数逐渐增加。

从中国棉花蕾期因雹灾损失超越一定水平的概率空间分布格局来看(彩图5),蕾期发生损失率≥80%的可能性较大的区县主要分布在山西高原、京津冀环渤海地区和新疆阿克苏地区;损失率≥60%的区县范围开始向南北两侧扩展,扩展到山东半岛、黄淮平原,辽宁南部区域;损失率≥40%的的县范围向西南延伸,四川盆地、云贵高原开始零星分布;损失率降低到≥20%时,分布格局基本确定,四川盆地、云贵高原地区开始连片分布,山西河北北部发生概率明显增加,部分区县超过0.3;蕾期损失≥10%和≥5%的区县格局变化不大。

分析可知,蕾期雹灾风险较大的区域主要集中在黄河流域棉区和北方特早熟棉区,在这一时期应重点防范,其次是西北内陆棉区,而华南棉区、长江流域棉区风险水平普遍较低,除了云贵高原雹灾风险较大外,其他地区可以忽略。

4.4.3.4 铃期

棉花铃期造成的损失率从≥80%、≥60%、≥40%、≥20%、≥10%到≥5%的发生概率上限值分别为0.200、0.333、0.383、0.450、0.483、0.483,对应的县的个数分别为1、2、3、2、6、6个。在发生概率0.05水平下,损失率从≥80%、≥60%、≥40%、≥20%、≥10%到≥5%的县数比例

从2.4%、8.6%、14.8%、19.8%、31.8%增加到32.2%。铃期内损失率≥80%发生概率从≥0.2、≥0.1、≥0.05、≥0.03到>0发生的县数分别为1个、5个、45个、79个和267个。

从空间分布来看（彩图6），铃期雹灾分布范围和蕾期相比较进一步向南扩散。铃期发生损失率≥80%，发生概率大于0.02的区县零星分布，主要分布在中国第一阶梯和第二阶梯的交界处，呈东北—西南走向呈线状分布，集中在太行山区、燕山山脉区、四川盆地、云贵高原和新疆阿克苏地区，新疆阿克苏地区呈团状分布，这些地区降雹频繁发生，应重点关注；发生损失率从≥60%、≥40%、≥20%、≥10%到≥5%概率大于0.02的区县范围以东北—西南一线为起点向东南扩散，高概率区分布在黄土高原、淮河下游流域、四川盆地、云贵高原区、新疆伊犁河谷及阿克苏地区。黄河流域棉区、北方特早熟棉区和西北内陆棉区铃期风险最大，长江流域棉区风险较低，华南棉区风险最低。

4.4.3.5 吐絮期

和其他生育期相比，棉花吐絮期因棉桃成熟，经受雹灾时损失会有所下降。吐絮期损失率从≥80%、≥60%、≥40%、≥20%、≥10%到≥5%的发生概率上限值分别为0.067、0.150、0.267、0.483、0.483、0.483。在发生概率0.05水平下，损失率从≥80%、≥60%、≥40%、≥20%、≥10%到≥5%的县数比例从0.2%、1.6%、4.2%、9.3%、9.5%增加到9.7%。铃期内损失率≥80%发生概率从≥0.05、≥0.03到>0发生的县数分别为4、6和36个，这表明吐絮期因雹灾造成棉花绝收的可能性很小。

从中国棉花吐絮期因雹灾损失超越一定水平的概率空间分布格局来看（彩图7），不论哪个概率水平，吐絮期损失率≥80%的县很少，损失率≥60%的县零星分布在环渤海地区，损失率≥40%的县发生概率>0.1的县出现在京津冀北地区，从损失率≥20%到≥10%再到≥5%的区县范围逐渐扩大，但总体上没有大片的高概率发生地区。棉花吐絮期雹灾风险较低，不属于重点防范期。

4.4.3.6 各生育期比较

每个生育期时间段内，因雹灾减产≥80%的发生概率都比较低，见图

4-10，从苗期到吐絮期发生概率最大的值分别为0.117、0.133、0.2、0.06，由高到低次序依次为铃期>蕾期>苗期>吐絮期，铃期有些区县发生特重雹灾损失的概率相对较高，但总体上不论哪个生育期，其发生特重雹灾的概率都比较低，概率≥0.1的区县很少，仅有2个、2个、5个、0个。从区县数量上来看，从苗期到吐絮期，发生概率≥0.05的县数分别为15个、21个、45个和4个；随着概率的减少，出现的区县个数逐渐增加，概率≥0.03的县数从苗期到吐絮期分别增加到38个、57个、79个、6个；对60年来只要有一年发生特重雹灾的区县进行统计，即损失率≥80%，发生概率>0的情况下，各生育期的县数为214个、238个、267个和36个，占全国1 888个适宜种植棉花的县的比例分别是11.3%、12.6%、14.1%、1.9%。统计结果表明，各生育期因雹灾减产≥80%的区县风险差异明显，其中，吐絮期风险较小，这是因为这个时期降雹频次开始减少，另外吐絮期棉桃已经长成，严重的雹灾对其造成的损失率比其他生育期低；铃期降雹频发，风险最大，其次是蕾期和苗期，

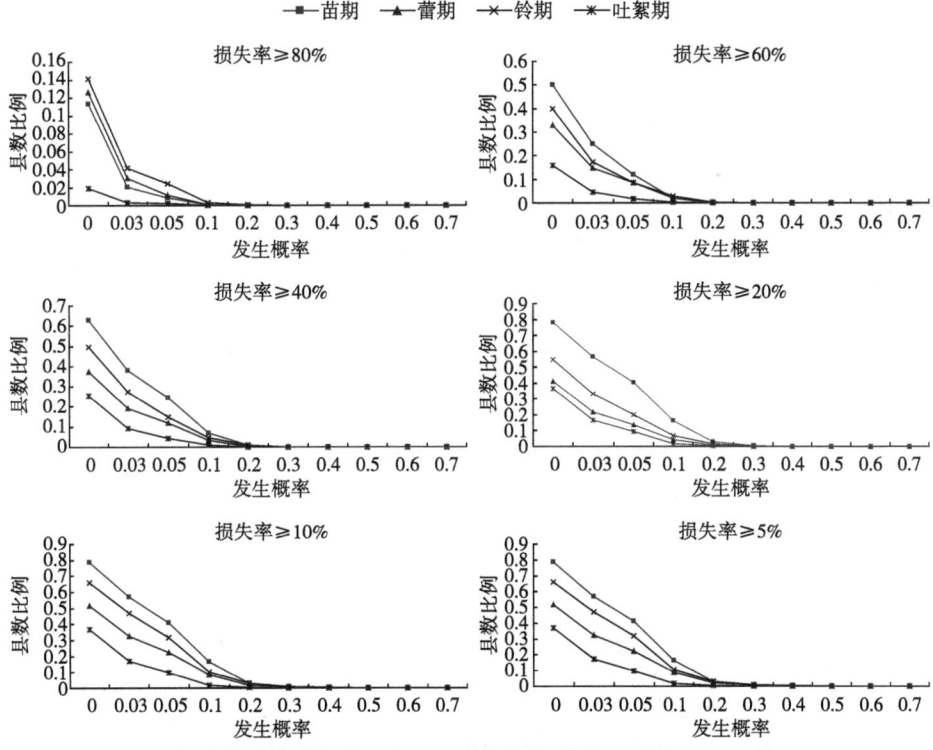

图4-10 棉花各生育期不同损失水平下不同发生概率的县数统计

铃期是重点防范期。其他雹灾减产水平下，发生概率在≥0.1、≥0.05、≥0.03、>0的情景下，各生育期风险次序一致，由高到底依次是苗期>铃期>蕾期>吐絮期，与损失率≥80%的情况相比，各生育期风险顺序有所变化，苗期超越了铃期，成为风险最大的时段，应重点关注。

从区县数量变化情况看，如图4-11所示，随着发生概率的减小，苗期和铃期内发生县数增加最多，其中铃期在发生概率小于0.03时增加县数超过蕾期，这说明铃期时段内损失≥60%的区县发生概率大部分集中在0.03以内，多于蕾期。

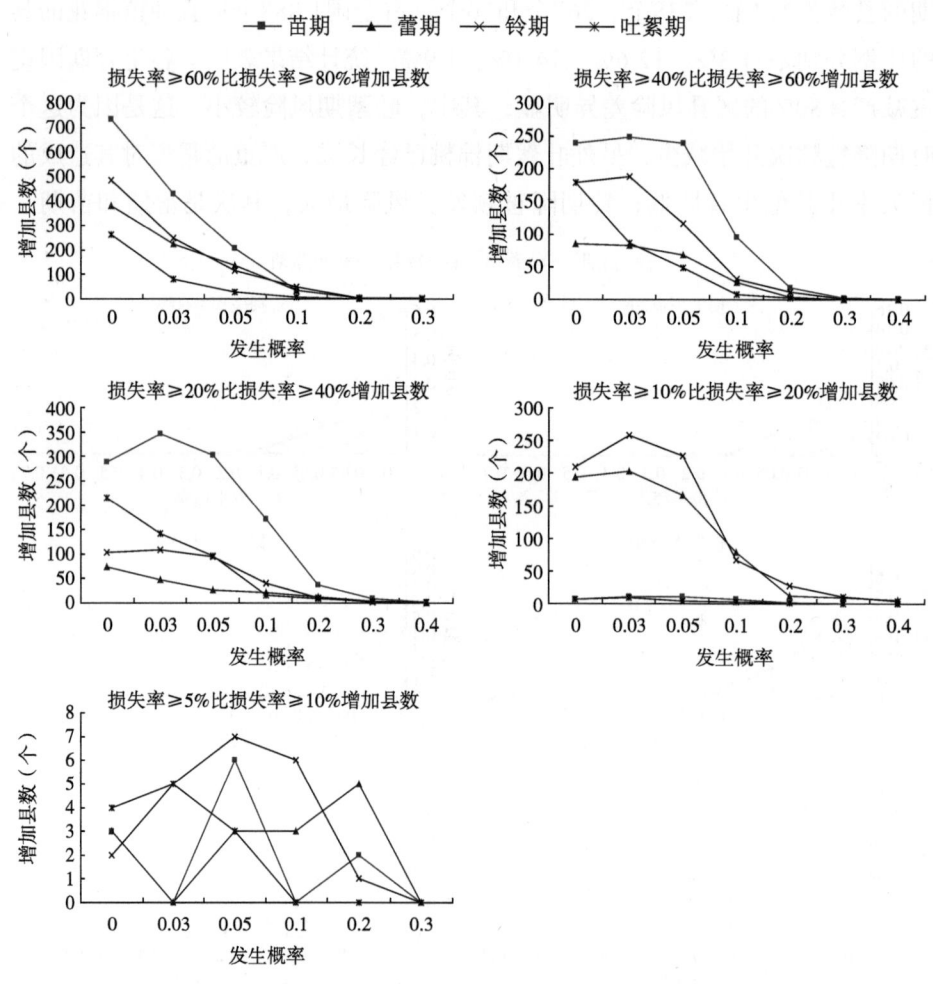

图4-11 棉花各生育期不同损失水平下区县数量增加图谱

在数据库中对损失率≥40%的数据进行统计，可以看出数据量明显增加，以损失≥40%发生概率≥0.05为例，各生育期的区县数量依次为462、226、279、80，各生育期比≥60%损失水平下增加的县数为240、68、117、49，增加数量次序为苗期>铃期>蕾期>吐絮期，和其风险顺序一致。另外随着发生概率的减小，吐絮期的县数增加迅速，超过其他生育期。从苗期到吐絮期，对只要有1年损失≥40%的县数进行统计，结果为1 187、703、933和478个。这说明不论哪个生育期，大部分县棉花因雹灾损失超过40%的概率都很小。

不同生育期损失率≥20%与损失率≥40%的区县数增加数量图中看出，苗期在任何发生概率水平下增加量都是最多的，0.03概率水平下增加最多，这说明大多数县的发生概率处在0.03。吐絮期内损失率≥20%比损失率≥40%发生的县增加相对其他生育期来说较多，并且大部分发生概率较低。从损失率≥10%到损失率≥20%的县数增加图上，明显的看出苗期不再增加，这说明苗期雹灾损失率≥10%到≥20%这个水平之间区县较少；蕾期和铃期县数增加相对较多。损失率≥5%和≥10%的变化不大，各生育期不同概率水平下增加县数不超过10个，基本上没有什么变化。

经过不同损失水平下的棉花各生育期发生概率分析，可以得出以下结论：各生育期因雹灾减产≥80%的发生概率较低，铃期的风险最大，其次是蕾期和苗期，吐絮期风险最小。因此，铃期是雹灾重点防范期。

4.4.4 固定概率算损失风险

根据棉花雹灾年度损失强度统计出2年一遇、5年一遇、10年一遇、20年一遇、30年一遇、60年一遇6种风险水平的棉花雹灾损失率，并绘制了各年遇型不同生育期棉花雹灾损失空间分布图谱。

4.4.4.1 全生育期

对棉花生长全期时段内不同年遇型风险下的雹灾损失进行统计，见图4-12，整体来看全国棉花因雹灾减产的风险在不同年遇型水平下差异显著，2年一遇、5年一遇、10年一遇、20年一遇、30年一遇、60年一遇的风险水平下，轻雹灾年（0~0.2）的区县占比分别为99%、86.3%、58.9%、

31.5%、21%和9%，属于特大雹灾年（0.8~1.0）的区县比例分别从0、0.8%、3.1%、9.3%、15.9%增加到34.7%。属于轻雹灾损失的区县除60年一遇风险水平下的较少外，其他几种年遇型大部分区域属于轻雹灾，60年一遇损失率大于0.8的区县比例达到了34.7%。

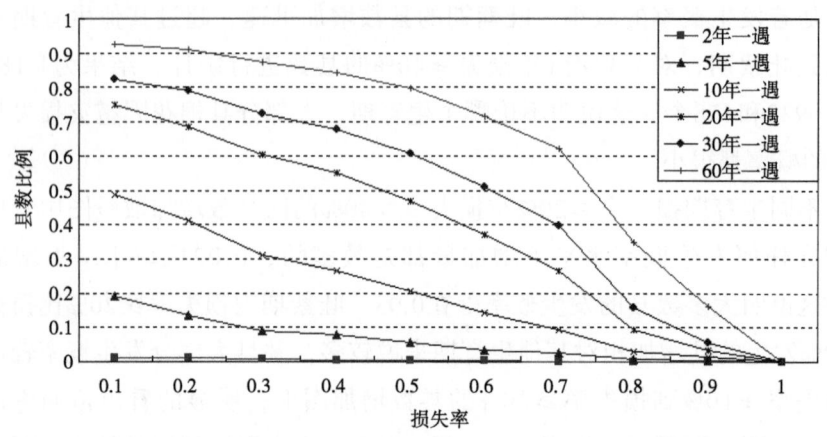

图4-12　棉花全期不同年遇型不同损失水平下的县数比例

从空间分布来看（彩图8），2年一遇损失高值区（0.5以上）零星分布在山西、京津地区，这与该地区降雹频繁有关；5年一遇水平下损失高值区范围扩大，阿克苏地区开始成片分布，四川盆地、云贵高原零星分布；10年一遇风险水平下损失高值区在江苏、新疆、山西继续扩展，并组团式成片分布；20年一遇水平下，损失高值区由北向南推进，30年一遇、60年一遇损失高值区范围进一步扩大，总体来看高值区分布呈现由北向南递减的趋势，西北内陆棉区损失高值区范围以新疆阿克苏为中心，向四周蔓延。这些损失高值区应重点关注。

4.4.4.2　苗期

苗期在6种年遇型风险下，各区县的损失率相对较高，但仍以轻雹灾（0~0.2）为主，从2年一遇、5年一遇、10年一遇、20年一遇、30年一遇到60年一遇，发生轻雹灾的县区占全国所有植棉县的比例分别为99.9%、98.7%、91.6%、72.6%、57.5%和33.4%；损失水平在0.8~1的县区比例分别为0、0、0.1%、0.8%、2.1%和11.3%，在2年一遇和5年一遇水平下棉花苗期损失超过80%的区县概率为0，10年一遇、20年一遇、30年一遇到60年一遇风险水平下，苗期损失超过80%的区县分别有2、15、39和214个。

从空间分布上（彩图9），可以看出从2年一遇风险水平下，全国棉区基本没有发生较大损失，从5年一遇到10年一遇风险水平下，损失大于0.2的区县主要沿山西高原-四川盆地-云贵高原零星分布，另外，江苏安徽，新疆南疆成组团分布，从20年一遇、30年一遇到60年一遇，零星分布带向东南扩展，两个组团区向四周扩张，除新疆地区单独组团外，其余地区已连片分布。在60年一遇的风险水平下，损失大于0.2的区域覆盖了全国所有棉区，这与苗期正处在全国范围的冰雹高发期有关。

4.4.4.3 蕾期

棉花蕾期生长时间段较短，6种风险水平下仍然以轻雹灾区县比例较大，从2年一遇、5年一遇、10年一遇、20年一遇、30年一遇到60年一遇，发生轻雹灾（0~0.2）的县区占全国所有植棉县的比例分别为100%、99.4%、96.2%、87.7%、79.8%和61.3%，损失率在0.8~1.0的区县占棉区总县数的比例分别为0、0、0.1%、1.1%、3%到12.6%，在2年一遇和5年一遇水平下棉花苗期没有损失超过80%的区县，10年一遇、20年一遇、30年一遇到60年一遇风险水平下，蕾期损失超过80%的区县分别有2、21、57和238个，多于苗期。

从空间分布图看（彩图10），蕾期高损失区范围和苗期相比，开始向北方收缩，以黄河流域棉区和北方特早熟棉区为主。2年一遇到5年一遇损失轻微，只有少数区县损失率超过20%，分布在山西高原南部及京津冀北；10年一遇损失范围开始扩展，仍集中在北方棉区，新疆阿克苏地区增加范围明显，20年一遇损失超过0.3的区县开始向长江流域棉区延伸，同时云贵高原有少数区县零星分布，30年一遇风险水平下，西北内陆棉区以阿克苏为中心向西南扩展到喀什、和田地区，向北扩展到伊犁地区；到60年一遇风险时，整个山西高原都处在高损失风险区，另外环渤海地区、苏皖地区、云贵交界区也是损失高值区，新疆棉区损失高值区继续扩展至东疆地区，华南棉区和长江流域棉区属于低风险区。

4.4.4.4 铃期

棉花铃期轻雹灾（损失率在0~0.2）区县占全国所有植棉县的比例从2年一遇、5年一遇、10年一遇、20年一遇、30年一遇到60年一遇逐渐减小，分别为100%、98.7%、94.4%、81.8%、68.7%和46.9%，损失率在0.8~1的特重雹灾年，发生在铃期内的区县占棉区总县数的比例分别为0、0.1%、0.3%、2.4%、4.2%到14.1%，在2年一遇水平下棉花苗期没有损失超过80%的区县，5年一遇、10年一遇、20年一遇、30年一遇到60年一遇风险水平下，铃期损失超过80%的区县分别有1个、5个、45个、79个和267个，超过蕾期和苗期。

铃期不同年遇型的损失率空间分布格局呈现出以中部为高损失值中心向西南递减（彩图11），新疆以阿克苏为中心向四周扩展。与蕾期相比，其分布总体格局向南方推进，这是由我国在该时期的降雹特点决定的。2年一遇、5年一遇的损失率较低，10年一遇水平下有少数区县损失超过20%，集中分布在山西高原东部，四川盆地北部的降雹高发区，20年一遇、30年一遇向东南扩展，黄河流域棉区高值区连片分布，长江流域损失高值区分布零散，在60年一遇的风险水平下，新疆出现了大片的损失率超过0.5的区域，山西高原、环渤海区、四川盆地和云贵高原是高风险区。铃期华南棉区风险较低。

4.4.4.5 吐絮期

在6种年遇型的风险水平下，全国大部分区县在棉花吐絮期属于轻雹灾，损失率在0~0.2。从2年一遇、5年一遇、10年一遇、20年一遇、30年一遇到60年一遇轻雹灾区县占全国所有植棉县的比例分别为100%、99.8%、99.2%、94.7%、89.6%和72.8%，损失率在0.8~1的特重雹灾年，发生在吐絮期内的区县微乎其微，6种年遇型在吐絮期发生特重雹灾年的区县数的比例分别为0、0、0.2%、0.3%和1.9%，在2年一遇、5年一遇和10年一遇水平下吐絮期没有损失超过80%的区县，20年一遇、30年一遇到60年一遇风险水平下，吐絮期损失超过80%的区县分别有4个、6个和36个，低于其他生育期。

从空间分布来看（彩图12），吐絮期损失高值区随着年遇型的增加呈现出由北向南推进的过程,高值区集中在环渤海地区、黄土高原区和新疆阿克苏地区。60年一遇风险水平下,大于0.5损失率的空间分布呈现出黄河流域棉区成片状分布,长江流域棉区和华南棉区零散分布,西北内陆棉区成团分布的格局。

4.4.4.6 分生育期比较

对不同年遇型棉花各个生育期不同损失率情景下的区县比例进行统计分析,见图4-13,结果表明,2年一遇水平下,棉花各生育期损失率非常低,

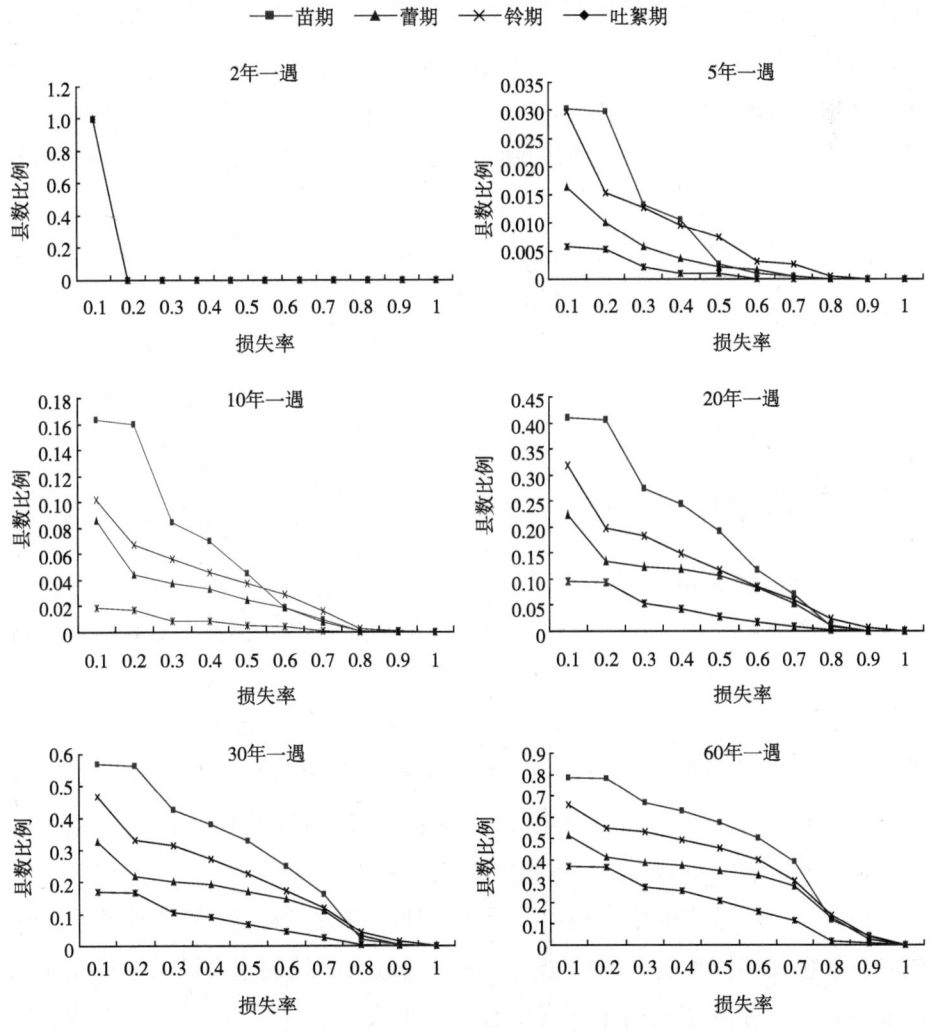

图4-13 棉花各生育期不同年遇型雹灾损失率比较

损失率小于0.1水平的区县比例为100%，说明2年一遇风险水平下，没有损失率超过0.1的县。5年一遇水平下，损失率风险集中在0.2以下，区县比例由高到低依次是苗期、铃期、蕾期和吐絮期，比值分别为3%、1%、1.5%和0.5%；损失率大于0.5时，铃期区县最多，超过苗期。5年一遇、10年一遇、20年一遇、30年一遇、60年一遇水平下，各生育期轻雹灾区县比例排序基本稳定，损失率超过0.5时，排序有所变化，10年一遇损失率大于0.6的风险水平下，从苗期到吐絮期，各生育期区县占全国棉区县的比例分别为1.9%、1.9%、2.9%和0.4%，铃期区县最多；20年一遇损失率大于0.8的风险水平下，铃期所占区县比例最大。30年一遇风险水平下，损失水平低于0.8时，苗期区县比例最大，损失率大于0.8，从苗期到吐絮期，各生育期区县占全国棉区县的比例分别为2.1%、3.0%、4.2%和0.3%，排序为铃期>蕾期>苗期>吐絮期；60年一遇，损失超过0.8的水平下，各生育期的区县比例分别为11.3%、12.6%、14.1%和1.9%，排序和30年一遇一样，没有变化，但总体数量明显增加。分析结果表明，无论哪种年遇型，在损失率较低的情况下，苗期所占区县比例均大于其他生育期，在损失率较高的情况下，铃期所占区县比例在各生育期中最大，吐絮期所占比例最小。因此，铃期是重雹灾重点防范期。

4.5 本章小结

本章对中国冰雹灾害案例库信息进行了深度挖掘，对冰雹灾害分类系统进行了梳理和分析，在考虑致灾因子和灾情的前提下，根据案例统计的各指标数据区间分布，确定了冰雹灾害强度分类系统标准，共分为4个等级，即轻雹灾、中雹灾、重雹灾和特重雹灾。根据这一分类系统，通过多指标综合度量的方法，根据案例中的致灾信息和灾情信息确定了每一场雹灾的致灾强度指数。分级统计结果表明，轻雹灾占雹灾总数的40.96%，中雹灾占30.1%，重雹灾占19.57%，特重雹灾占9.36%。

通过对自然雹灾的跟踪观测，采用统计的方法，确定了苗期轻雹灾、中雹灾、重雹灾和特重雹灾的棉花损失率。通过人工控制雹灾试验，确定了棉花蕾期、铃期和吐絮期的不同强度雹灾的损失率，从而得到棉花4个生育期的雹灾损失率表。根据损失率表对雹灾案例灾情进行量化处理，对有棉花损失灾情描述的案例对其损失率逐一进行赋值量化，最后对致灾指数和损失率两列数据进行拟合，确定了棉花不同生育期的冰雹致灾强度与损失率的关系式，并绘制了脆弱性曲线。

根据历史上每一次冰雹的发生时间和造成的损失率数据，计算了棉花生长全期及苗期、蕾期、铃期和吐絮期内的逐年雹灾损失率，对逐年雹灾损失率进行统计，得到固定损失算概率及固定概率算损失两种情景的风险结果，统计了损失率≥80%、≥60%、≥40%、≥20%、≥10%和≥5% 6个损失水平下，不同发生概率的区县分布比例；统计了2年一遇、5年一遇、10年一遇、20年一遇、30年一遇和60年一遇6种年遇型水平下，不同损失发生的区县比例。结果表明，铃期是雹灾风险最大的时期，是重点防范期。山西高原、新疆阿克苏地区、环渤海地区、四川盆地北部、云贵高原、黄淮平原是风险较高的区域，是重点防范区。

第5章 中国棉花雹灾保险费率厘定与分区

棉花雹灾风险评价的一个重要应用就是为实行棉花雹灾保险的县制定费率提供科学依据。棉花雹灾费率分区是成功地开展此项保险业务必不可少的基础工作之一。保险的一个重要原则就是要坚持风险一致性，不同自然条件下棉花所面临的雹灾风险是有差异的，产量损失程度和损失的概率分布也不相同。在我国迄今为止的农作物保险业务中，大多数地方没有实行县一级的差异费率，这与我国县域棉花生产所面临的雹灾风险差异性不相符，因此进行棉花雹灾保险县域级别的费率厘定，并对费率进行分区研究具有重要的应用价值。本章根据全国县域棉花雹灾风险，在保险费率计算基本原理指导下，以县级行政区划为基本空间单元体系，厘定全国各县棉花雹灾的纯费率。依据各县棉花产量数据，计算出棉花雹灾期望损失率。以费率值为主要区划指标，结合各县的自然地理特点，对我国县域棉花雹灾费率进行了分区，并绘制了费率分区图，结果分为2个一级区、7个二级区、23个三级区。最后，对我国棉花雹灾保险业务的开展提出了对策和建议。

5.1 中国县域单元棉花雹灾保险费率的厘定

选择以县域为基本单元测算其棉花雹灾费率，是因为我国的最基层保险公司达到县一级。公司在每个县实行符合本县风险的相应费率有利于业务发展，另外雹灾案例数据库已经细化到县一级，完整的灾情数据为县级水平的费率测算提供了数据基础。

5.1.1 保险费率的构成

保险费率的构成包括3个部分，即保险成本率、保险利润率和保险税率。保险成本率由纯费率和附加费率组成；保险利润率为社会平均利润率；保险税率是保险税金占保费收入的比例。以上三部分的计算公式如下。

$$纯费率 = 保额损失率 \times (1 + 稳定系数)$$

$$附加费率（\%）= \frac{业务开支总计}{纯保费收入总计} \times 100$$

$$保险平均利润总额 = 保险预付总资本 \times 平均利润率$$

$$保险成本利润率（\%）= \frac{保险平均利润总额}{保险成本总额} \times 100$$

$$保险费率 = [保额损失率 \times (1+稳定系数) \times (1+附加费率) \times (1+保险成本利润率)] \div (1-营业税率)$$

由此可见，保险费率由3个部分组成，其中纯费率就是多年平均损失率，附加费率是保险公司业务费用率，从公司账面可直接查得，成本利润率可使用社会平均利润率指标。因此，在区域费率的3个组成部分中，确定纯费率最为困难，它依赖于多年平均损失率的确定。多年平均损失率一经确定，区域费率的厘定便迎刃而解。本研究通过各县60年的棉花雹灾平均损失率所计算的棉花雹灾保险费率即为纯费率。

求得各评价单元的棉花雹灾多年平均损失率是费率厘定的第一步，然后计算每个单元的稳定系数进行修正，从而得到纯费率。

5.1.2 模型与方法

目前国内外开展农作物保险费率厘定的常用模型方法可分为三类，主要包括：

5.1.2.1 依据保险业务的数据进行直接统计分析

此类方法又可以分为两大类。一是在美国农作物保险项目中广泛采用、得到农业经济学专家高度认可的成本—损失率（loss-cost ratio，LCR）法。在有多年保险业务数据的基础之上，一个地区的纯费率计算如下。

$$\pi^{n+1} = E\left[\frac{L\%}{C\%}\right] = \frac{1}{n}\sum_{i=1}^{n}\frac{L_i}{C_j} \qquad 式（5-1）$$

式中，π^{n+1}是指第$n+1$年的费率水平，应等于年度随机总赔付金额L%与总保险金额C%比值的期望值。用实际数据计算时，则可以近似等于过去n年中各年赔付额度与保险金额比值的均值。这一方法是所有农作物费率厘定中，得到最高肯定的一种方法，但对业务数据的要求很高。二是简易损失率调整法。该方法是将年度损失率与目标损失率进行线性逼近。然而该方法受到新增数据的影响很大，通常会产生较大的波动。

由于我国农业保险数据时间序列较短，故用保险数据测算费率的方法并不可取。

5.1.2.2 依据农作物历史产量建立产量模拟模型

此类方法将农作物产量视作棉花生产系统的最终输出。由于受到系统中各类要素（包括自然条件和人为因素）不确定性的影响，农作物产量有着必然的随机性。对该种随机性的统计描述可以区分其中的正向和负向变化，从而得出作物减产的概率模型，并计算得出费率。

$$\pi = E[\delta(y\%)] = \int_0^{\theta\bar{y}} \delta(y\%) \cdot h(y\%) \cdot d(y\%)$$
$$= \int_0^{\theta\bar{y}} (\theta\bar{y} - y\%) \cdot h(y\%) \cdot dy / \theta\bar{y}$$

式（5-2）

式中，π为费率值，$\delta(y\%)$指当理论产量为y%时的减产率，$h(y\%)$为实际产量所服从的概率密度分布，$\bar{y}$是y%的期望值，即依据统计模型推断出的平均产量（可视作理论产量），θ是指保障水平（对应相对免赔水平）。

此方法所需求的数据为农作物的产量数据，时间序列要求在25年以上。方法的稳定性较好，精度可靠，但该方法测算的是一切险的费率，不能提供单灾种费率。因本研究是对冰雹这种单一灾害计算棉花保险费率，故该方法并不可取。

5.1.2.3 依据区域灾害系统理论，以历史灾情案例数据测算费率

开展灾害保险费率厘定的另一大类方法是在拥有历史灾情案例数据的情况下，依据区域灾害系统理论，根据灾害模型测算费率，这种方法十分有效。该方法主要分为两步：第一步是对致灾过程的刻画，即不稳定的孕灾环

境及孕育致灾因子的过程。一个区域内不稳定的孕灾环境在多大概率条件下会产生多大强度的致灾因子。第二步是对成害过程的理解，即致灾因子与承灾体农作物相互作用产生损失的过程。在这一步需要用模型刻画出给定某类自然致灾因子的强度，承灾体农作物遭受损失的可能性及损失程度。通过对上述两大子过程的模型化与定量化描述，即可求解不同概率条件下农作物因某类自然灾害造成的损失程度，进而得到多年平均损失率与纯费率值。

这种方法的优点是可以剖析区域内各灾害种类的构成，精确的测算单灾种单作物的保险费率值，也可以综合多个灾种对多种作物测算综合费率，但这种方法对灾害案例数据要求较高，尤其是到县一级水平的测算，灾情数据的获取难度较大，因此用这种方法测算全国范围内分县的费率还不多见。

本研究构建了全国县级雹灾案例数据库，拥有60年序列的各县雹灾数据，符合第三种方法测算费率的数据要求。对棉花雹灾费率的测算，不用考虑灾害系统中孕灾环境因子，因为雹灾案例是实际发生的冰雹灾害，涵盖了孕灾环境的影响。承灾体定义为我国适宜种植棉花的县域单元，不考虑该县当前是否种植棉花。即使该县没有种植棉花，其棉花雹灾保险费率依然存在，如果开始种植棉花，就应该采用相应的费率。费率计算结果与各县棉花种植面积无关，而与该县雹灾强度、雹灾频次、降雹发生的日期密切相关，降雹发生日期和强度决定着单场雹灾造成的棉花损失率，年度雹灾频次决定了全年雹灾造成的棉花损失率。本研究采用棉花雹灾多年平均损失率作为纯费率测算的基础。

5.1.3 棉花雹灾保险费率厘定

5.1.3.1 费率计算方法

多年平均损失率因其稳定性好而成为制定农业保险费率的基础。目前保险公司制定纯费率F的计算公式如下。

$$F = \bar{X} \times (1+K) \qquad 式（5-3）$$

式中，$\bar{X}$为多年平均损失率，亦称保额损失率，可作为制定纯费率的基本指标；K为稳定系数，反映了损失率的离散程度，也称为变异系数，可作为制定纯费率的辅助指标。

多年平均损失率 $\bar{X}$ 计算公式如下。

$$\bar{X} = \frac{1}{n}\sum_{i=1}^{n} X_i \qquad \text{式（5-4）}$$

式中，X_i 为第 i 年的年度损失率，n 为统计年数。

传统的稳定系数 K 的计算公式如下：

$$K(\%) = \frac{\sigma}{\bar{X}} \times 100 \qquad \text{式（5-5）}$$

其中，

$$\sigma = \sqrt{\frac{1}{n-1}\sum_{i=1}^{n}(X_i - \bar{X})^2} \qquad \text{式（5-6）}$$

这种均方差理论，多适用于火灾保险损失率数列呈正态分布的情况，对农作物雹灾保险则不适用。雹灾年度变化较大，有的县多年无雹，为了切合冰雹这种灾害类型的特点，本研究采用李存山（1993）研究中提到的稳定系数测定公式：

稳定系数（K）：

$$K(\%) = \frac{S_{\bar{x}}}{\bar{X}} \times 100 \qquad \text{式（5-7）}$$

标准误差（$S_{\bar{x}}$）：

$$S_{\bar{x}} = \frac{\sigma}{\sqrt{n}} \qquad \text{式（5-8）}$$

标准差（均方差）（s）：

$$\sigma = \sqrt{\frac{1}{n-1}\sum_{i=1}^{n}(X_i - \bar{X})^2} \qquad \text{式（5-9）}$$

5.1.3.2 多年平均损失率

多年平均损失率即为该区的棉花雹灾风险，因为采用的是历史灾情数据，且时间序列为60年，评价结果比较稳定。用此结果可以计算费率，风险高的地区费率高，风险低的地区费率低。

多年平均损失率（$\bar{X}$）表征一个地区多年来稳定的损失状况，是保险费率厘定的基础。本研究计算了每一个区县的棉花生长全期及各生育期60年的雹灾平均损失率，并分棉区进行了统计。各棉区县级评价单元个数分别为长江流域棉区（m1）有792个、黄河流域棉区（m2）有533个、西北内陆棉区（m3）有95个、北部特早熟棉区（m4）有136个、华南棉区（m5）有332个，评价单元个数由多到少依次为m1、m2、m5、m4、m3，长江流域棉区最多，西北内陆棉区县区数量最少。

图5-1是棉花生长期内中国各棉区不同损失水平下的县数比例分布情况，对雹灾多年平均损失率$\bar{X}$小于0.03、0.03~0.05、0.05~0.1和0.1以上4种损失区间的区县进行统计，分别占全国棉县的比例为47.46%、20.55%、20.87%和11.12%，结果表明全国接近一半的区县的棉花雹灾$\bar{X}$低于3%，41.42%的区县$\bar{X}$处在3%~10%，$\bar{X}$大于10%的情形已经属于高值，这基本符合现行的棉花雹灾费率水平。分棉区来看，各棉区$\bar{X}$在0~3%的区县占各棉区总县数的比例从m1到m5分别是46.6%、34.7%、53.7%、36%和72.9%，由大到小排序依次是m5>m3>m1>m4>m2，结果表明华南棉区大部分区县棉花雹灾的$\bar{X}$处于较低水平。对大于10%的高损失值进行统计，从m1到m5高损失值的县占各棉区总县数的比例分别为5.7%、20.1%、21.1%、22.8%和2.1%，北部特早熟棉区内高损失县的比例最大，西北内陆棉区和黄河流域棉区次之，前三个棉区比例相差不大，远远高于长江流域棉区和华南棉区。这一结论为确定棉花雹灾高费率区提供了科学依据。

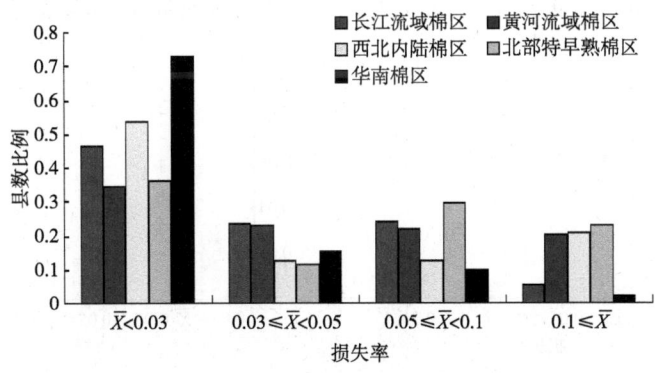

图5-1 中国各棉区不同损失水平下的县数比例

从中国棉花雹灾多年平均损失率空间分布来看（彩图13），京津地区、冀北辽南交界地区、山西南部、山东半岛、苏皖平原、四川盆地、贵州西南部、新疆阿克苏和伊犁地区是我国棉花雹灾风险较高的地区，也是棉花雹灾保险重点关注的地区。

不同损失水平下，中国棉花雹灾分生育期编制图谱，各棉区的县数比例区域差异显著，见图5-2。分生育期统计棉花雹灾多年平均损失率的意义在于了解不同生长期内，各棉区雹灾多年损失的区域差异，为分期分区防雹减灾提供支持。从各生育期来看，苗期棉花多年平均损失率$\bar{X}$的值大于10%的区县，从m1到m5，占各棉区所有区县的比例分别为1.3%、2.31%、5.3%、0和0.6%，由大到小依次是m3>m2>m1>m5>m4，结果表明，棉花苗期内，西北内陆棉区损失风险最大，北部特早熟棉区最小。蕾期$\bar{X}$大于10%的棉区中，区县比例最大的是黄河流域棉区，其次是北部特早熟棉区，而长江流域棉区和华南棉区$\bar{X}$值没有超过10%的区县，这和该时期我国降雹带北移有关。铃期从m1到m5，各棉区$\bar{X}$超过10%的区县比例分别为0.1%、3.6%、6.3%、4.4%和0，结果表明铃期依然是西北内陆棉区损失风险最大，

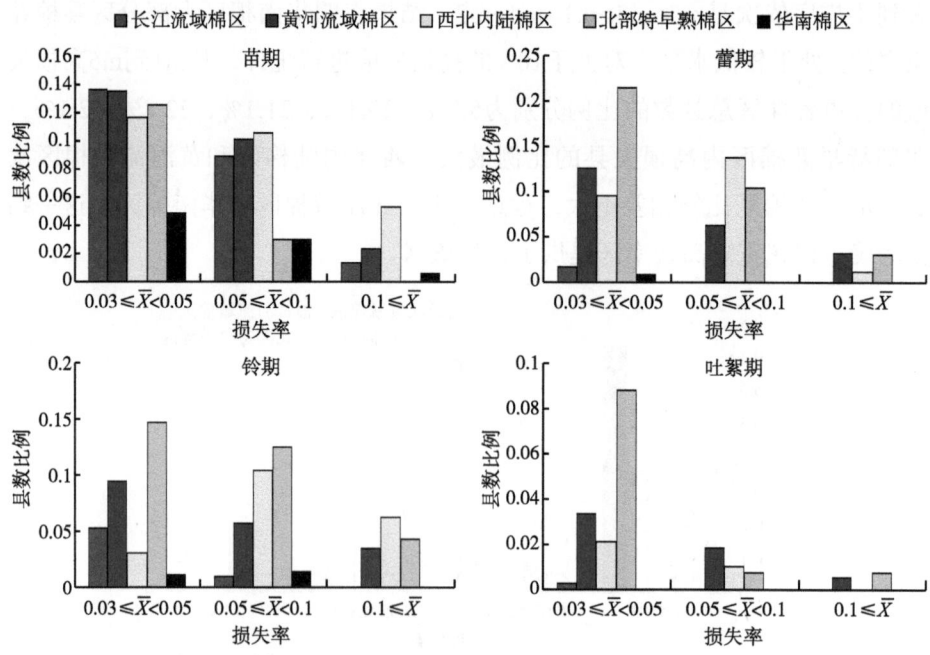

图5-2 中国棉花分生育期各棉区不同损失水平下的县数比例图谱

北部特早熟棉区次之。吐絮期黄河流域棉区和北部特早熟棉区只有4个区县$\bar{X}$超过10%，97%的区县$\bar{X}$小于3%，充分说明吐絮期所有棉区的雹灾风险都较小。

从空间分布来看（彩图14），以多年平均损失率$\bar{X}$值大于0.03为准，苗期超过这一水平的区县分布范围最广，高值区集中在新疆阿克苏、云贵高原、黄土高原和江苏安徽地区；蕾期分布范围向北方收缩，高值区集中分布在山西东部、京津地区和新疆阿克苏地区；铃期分布范围向南方扩展，四川盆地开始出现高值区；吐絮期分布范围再次向北向西收缩，高值区零散分布在各个棉区。这种空间变化规律与各个时期我国的降雹特点相符合。

5.1.3.3　棉花雹灾年期望损失

根据棉花全期各县多年平均损失率和各县近年的棉花产量水平，计算了当前国内棉花种植结构下的各县棉花雹灾期望损失值。期望损失的计算公式如下。

$$期望损失 = 多年平均损失率 \times 产量$$

从空间分布来看，我国棉花产量大的区县主要分布的新疆塔里木盆地北部区及天山北坡区、河北中南部、河南大部、江苏东部、湖北、安徽等地区。10万亩以上（兵团5万亩以上）的大县面积占全国的80.9%。其中，河北省10万亩以上的大县面积比例达到87.5%，形成了冀中南黑龙港流域优势植棉区域；山东省10万亩以上的大县面积比例达到91.8%，形成了鲁西南、鲁西北和鲁北三大优势植棉区域；新疆10万亩以上（含新疆生产建设兵团5万亩以上的团场）的大县面积达到85.7%，形成了环塔里木盆地绿洲腹地的南疆优势植棉区域和天山北麓山前冲积平原的北疆优势植棉区域。

从棉区来看，黄河流域棉区、西北内陆棉区和长江流域棉区产量大，是我国棉花优势产区，华南棉区和北部特早熟棉区产量最低，种植棉花的面积很少。黄河流域优势产区主要包括天津、冀东、冀中、冀南、鲁西南、鲁西北、鲁北、苏北、豫东、豫北、皖北、晋南、陕西关中东部地区，有146个10万亩以上的产棉大县。该棉区地处南温带亚湿润气候区，耕作制度以两熟套种为主，滨海滩涂、盐碱地和高岗旱地为一熟春棉。棉田布局集中，单产水平中等，面积增加潜力较大。长江流域优势产区主要包括江汉平原、洞庭湖、鄱阳湖、南襄盆地、安徽沿江棉区、苏北灌溉总渠以南地区，有57个10万亩以上产棉大县和3个5万亩以上的重点农场。该棉区地处中亚热带至北亚热带的湿润气候区，种植棉花面积稳定，布局集中，单产水平较高。耕作制度90%以上实行粮（油）棉一年两熟，以育苗移栽棉为主。西北内陆优势产区主要包括南疆、东疆、北疆和甘肃河西走廊地区，有42个10万亩以上的产棉大县（市）和56个重点团场。棉区地处中温带及暖温带的干旱气候区。属灌溉棉区，耕作制度为一年一熟春棉，种植结构单一，面积稳定发展，布局集中，规模大，单产水平和机械化程度高。新疆是我国唯一的海岛棉（长绒棉）产区。

根据棉花产量分布可以清楚地了解中国的主要植棉的区县及遭受雹灾的暴露度，但是本研究的风险评价结果与棉花产量没有关系，而是和不同生育期不同雹灾强度对棉花造成的减产率关系密切。如果棉花主产区正处在棉花雹灾高风险区，则应该重点关注。从棉花产量分布图以及前面雹灾风险分析的结果综合，可以看出新疆阿克苏地区、江苏、安徽地区的棉花主产区与雹灾高风险区重合，应该是棉花雹灾保险重点关注的地区。

棉花各县的期望损失等于各县的棉花产量与期望减产率的乘积，期望减产率就是多年平均损失率。期望损失分布受棉花主产区因素影响很大，与主产区的基本格局一致。另外山西西南部、四川盆地西部、辽宁西南部也是期望损失值较大的地区。

5.1.3.4 年损失标准差

标准差指标说明各县60年来雹灾损失的波动程度，对年损失率标准差值为0~0.10、0.10~0.15、0.15~0.20、0.20~0.25、0.25~0.3及0.3以上6种区间进行统计，区县比例分别为17.7%、5.6%、13.4%、24.6%、24.2%和14.4%，统计结果表明标准差集中在0.2~0.3，数据的波动幅度符合冰雹这种特殊灾害的特点。空间分布上，新疆东疆波动性较大，这是由于该地区降雹本来很少，波动显著增加，雹灾频发区波动性较小，另外常年无雹灾发生的地区波动自然为0，如新疆部分区县和广东部分区县出现波动极小值；降雹多发区如新疆阿克苏、山西高原、四川盆地，云贵高原等地其标准差值在0.2~0.3。

5.1.3.5 稳定系数

根据稳定系数的计算公式，得到了中国棉区各县多年平均损失率的稳定系数K，经过对0~0.10、0.10~0.15、0.15~0.20、0.20~0.25、0.25~0.3及0.3以上6种区间进行统计，区县比例分别为22.1%、18.3%、17.1%、13.7%、9%和19.9%，K值分布大部分处在0.1~0.25，华南棉区和长江流域棉区的部分区县稳定系数较高，这些区县的多年平均损失率低于1%，高K值的修订不影响最终的费率分级和分区。

5.1.3.6 纯费率

多年平均损失率经过K值修定后，得到了全国棉区各县棉花雹灾保险纯费率值，经过统计，费率值在0.02以下、0.02~0.03、0.03~0.05、0.05~0.10、0.10~0.20和0.20以上的区县比例分别为25.8%、13.0%、19.2%、27.4%、11.7%和2.9%，全国大部分区县棉花雹灾保险费率值在0.03~0.1，占46.6%，费率值大于0.20的区县较少，符合现行的棉花雹灾保险费率水平，现在各省实行的棉花雹灾保险费率标准是6%~7%。从空间分布来看（彩图15），新疆阿克苏和博州地区、山西高原、环渤海地区、淮河下游流域、四川盆地北部和东部、云贵高原东北部是我国棉花雹灾高费率区。天津蓟县、宝坻、静海，山西的灵丘、寿阳、昔阳、和顺、襄垣县，北京的延庆、怀柔、密云县，重庆的长寿县纯费率超过了30%，这和当地降雹频繁密切相关。新疆有11个县费率值超过20%，其中，阿克苏纯费率值达到了29%。江苏的建湖、海安、射阳、兴化、如皋等县费率值也较高，其中建湖费率20.31%。河北省的黄骅市、涞源县的费率值在本省内居前，符合当地的降雹特点。

值得说明的是，纯费率高的地区不一定是棉花主产区，对于既是棉花主产区又是费率值较高的地区，应引起保险公司的重点关注。在应用时，为了使农户接受，并负担得起，对高风险地区的高费率值应适当下调。另外，保险公司也应考虑高风险区的特点，决定是否在这些区域开展业务。

5.2 中国棉花雹灾费率分区

我国地域辽阔，雹灾区域差异显著，不同地区棉花雹灾所处的风险不同，风险的区域差异决定了区域间保险费率的不同。目前，我国各省基本实行的是统一费率，掩盖了区域间风险的差异性，因此，对全国棉区以县域为基本单元进行费率分区可以科学的体现区域费率，对农户和保险公司来说，都体现公平。

5.2.1 分区理论与原则

统一的农业灾害保险费率只适应相当小范围的地区。因此，在全国县域单元棉花雹灾保险费率厘定的基础之上，必须考虑全国费率的差异性，进行区域划分。分区原理采用类型区划的分区体系，即同一类型区域在地理空间上可以重复出现。这一分区体系不仅能反映出灾害损失率宏观的分布规律，又能够刻画出灾害损失率较微观的空间分布差异，使区域保险费率级别的确定更加准确合理。类型分区的原则包括：①以县域为基本分区单元，行政界线即为区划界线。②费率分区所依据的指标主要是各县棉花雹灾的费率表，同时考虑了各县的自然属性。③以费率厘定结果为基础，按费率值大小分为高费率区、中费率区和低费率区3个等级的费率区。

5.2.2 费率分区方法

中国棉花雹灾保险费率区划分为3个等级区，一级区以适宜植棉区与不适宜植棉区为界线，二级区以中国5个棉区为界线，三级区以费率值划分。

分区的方法采用自上而下与自下而上相结合的方法，自上而下划分到第二级，然后自下而上对各县域合并到第三级。各县合并采用单元归并法划分，以各评价单元的纯费率值大小指标作为级别划分的基本依据，参照各县的地貌属性的一致性，将在损失率级别相同或相近、地理空间上相邻、地貌属性一致的区县，进行融合，归并为同一个区域，首先划分了42个费率相近的区域，以中国棉花种植区划为基础，以全区各县的纯费率平均值为依据，然后对这42个小区进行进一步合并分级，划分3个费率等级，费率值的范围分别为高费率区大于0.075、中费率区在0.03～0.75、低费率区小于0.03。分区过程中采用了人机交互的技术手段，在Arcgis软件系统的支持下，在县域单元棉花雹灾费率空间分布图层上叠加地貌图层，在人工智能辅助下，完成了中国棉花雹灾保险费率分区工作。

5.2.3 费率分区结果

以中国棉花种植区划为背景，进行中国棉花雹灾保险费率分区，共分为

2个一级区，7个二级区，23个三级区。以现有的中国棉花区划为标准，在适宜植棉区划分为5个棉区，长江流域棉区有6个费率区，黄河流域棉区有4个费率区，西北内陆棉区有4个费率区，北部特早熟棉区有4个费率区，华南棉区分为5个费率区，具体名称见表5-1，雹灾保险费率区划为国家的棉花雹灾的宏观管理有重要参考价值，对保险公司来说，在具体业务开展时，以各县的费率值为标准更符合实际。

表5-1 中国棉花雹灾保险费率分区

Ⅰ不适宜植棉区	ⅡC西北内陆棉区
ⅠA北疆、内蒙古及东北地区	ⅡC1阿克苏、伊犁河谷、博州高费率区
ⅠB青藏高原地区	ⅡC2东疆中费率区
	ⅡC3南疆低费率区
Ⅱ适宜植棉区	ⅡC4河西走廊低费率区
ⅡA长江流域棉区	ⅡD北部特早熟棉区
ⅡA1四川盆地高费率区	ⅡD1辽中南沿海高费率区
ⅡA2苏沪皖平原丘陵高费率区	ⅡD2晋北高原高费率区
ⅡA3长江中游平原、低山中费率区	ⅡD3河套、鄂尔多斯中平原中费率区
ⅡA4浙闽低中山中费率区	ⅡD4新甘中平原低费率区
ⅡA5浙闽低中山低费率区	
ⅡA6秦岭大巴山高中山低费率区	ⅡE华南棉区
ⅡB黄河流域棉区	ⅡE1川西南、滇中中高山盆地高费率区
	ⅡE2桂西北中雹灾区
ⅡB1京津冀鲁环渤海高费率区	ⅡE3浙闽丘陵中费率区
ⅡB2山西中山盆地黄土高原高费率区	ⅡE4粤桂低山平原低费率区
ⅡB3华北平原中费率区	ⅡE5滇西南高中山低费率区
ⅡB4陇中高原低费率区	

从全国来看（彩图16），高费率区主要有4个连片的区域，分别是华北北部及辽宁南部高费率区，新疆阿克苏、伊犁河谷及博州高费率区，云南北部及四川盆地高费率区，苏沪皖高费率区，其中，苏皖地区、京津地区、关中平原和新疆阿克苏地区是中国棉花优势主产区，应重点关注。中费率区有2个大的连片区域，分别是沿福建丘陵—长江中游地区—伏牛山—陕南地区、广西西北部与湖南南部山区和华北平原大部分地区，其中湖北云梦平原是棉花的主产区，华南棉区不是棉花主产区，华北平原是中国重要的棉花主

产区，植棉历史悠久，是中国传统的优势棉区；第二个区域是新疆东疆、塔里木盆地南部有绿洲分布的地区，其中天山南坡库尔勒地区及天山北坡的乌昌地区是我国棉花的主产区。低费率区有5个区域，分布零散，分别是粤桂南部及海南全部、云南南部地区、浙赣丘陵、河西走廊、新疆西南喀什与和田地区，这些低费率区并不是我国的棉花主产区。

5.3 棉花雹灾保险对策及建议

我国既是世界棉花生产大国，又是纺织品加工中心，棉花稳定生产对于保障我国棉花供给、支撑纺织工业发展、增加农民收入、促进国民经济健康协调发展具有重要意义，因此开展棉花雹灾保险业务十分必要。为了棉花稳定生产，保险业务健康持续的发展，提出以下对策和建议。

5.3.1 构建"农户+政府+保险人"三方共赢的风险防范体系

棉花雹灾风险防范必须依靠农户、政府和保险人共同参与，实现风险共担、利益共享，实现棉农的稳定收入得到保障、保险公司农业保险得到展业发展、政府得到安定民心。为了有效防范棉花雹灾风险，本研究提出构建"农户+政府+保险人"三方共赢的风险防范体系（以下简称"防范体系"），基本框架见图5-3。构建该体系的最终目标是有效减轻棉花雹灾对农民收入造成的影响，控制农民的收入风险；有效减轻棉花雹灾对全国棉花产量的影响，防范棉花生产安全风险。

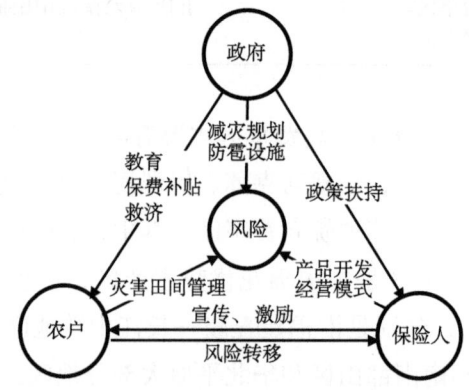

图5-3 棉花雹灾风险防范体系的基本框架

5.3.1.1 政府职能

（1）制定减灾规划和防雹作业投入

在区域经济发展特别是农业发展中，重视并开展减灾规划，通过区域土地利用结构调整与产业结构调整，实现棉花生产向其最适宜的地区转移，按照自然规律和经济规律，由政府引导生产布局调整，将棉花生产向生态条件适宜、比较效益高、生产潜力大、竞争优势强的优势区域转移。如新疆通过节水灌溉、宽膜覆盖、机械化作业等配套技术措施，扬长避短，比较优势进一步增强，使棉花单产水平逐步提高，棉花种植面积不断扩大，棉农收入不断增加，保持了棉花生产的可持续发展，成为我国棉花优势区域生产的典范。

有效规避冰雹灾害高风险区，改种其他抗雹能力强的作物（如花生等），这类措施优先适用于棉花生产风险极高，但目前种植规模不大的区域。各级政府应进一步加强对农业基础设施建设，特别是防雹作业的资金投入，提高棉花产区、特别是冰雹频发地区的设防水平，这类措施应优先用于那些棉花主产区且冰雹灾害发生频繁的区域。

（2）加强对棉花保险承办机构的扶持力度

加强对棉花保险承办机构的扶持力度，对由棉花雹灾保险业务引起的行政成本进行补贴，减免棉花保险业务的相关税费，向承办机构提供棉花雹灾保险超赔贴息。通过上述方案，有力地保障棉花保险经营公司的生存能力，促进棉花保险市场的形成并维护其可持续性，降低棉花保险中的交易费用，减轻棉花雹灾风险转移中形成的社会成本。

（3）深化农村基层工作，加强农民的风险防范意识，提供保费补贴和灾后救济

深化农村基层工作，依托相关的基层力量，通过农民管理风险，仍然是政府管理的必经之路。发动群众开展农田基础设施建设、加强雹灾之后的田间管理以减轻灾害风险造成的损失。基层政府应配合保险公司，做好保险产品的宣传和推广工作，提高农民的农业保险意识和知识水平。继续坚持对棉花保险的保费补贴，重视非主产区、重视中西部地区，要兼顾补贴力度的效率和地区间的公平。

5.3.1.2 保险人职能

转变经营意识,将保险展业与防灾防损紧密结合起来,使保险既体现企业的经济效益,又体现社会效益。棉花保险产品必须摆脱单纯"经营风险"的意识,积极运用产品设计和定价等工具,如差别费率、低出险率费率给予优惠等手段,解决逆选择、道德风险等问题,并充分调动农民防范风险的积极性。与地方政府开展紧密合作,充分调动政府的积极性与有关职能部门的减灾资源,有效降低保险公司的的防灾防损投入,从而有效降低赔付率。在保险保障农民收入的基本社会效益上,运用保险工具进一步推动棉花生产的灾害风险防范,实现棉花保险社会价值的质的提升。

5.3.1.3 农户职能

在该防范体系中,农户的职能较为单一和被动,但却是实现棉花雹灾风险防范的最基层、也是最关键的力量。通过上述政府和保险人的种种手段,形成各类激励机制,鼓励农民进一步加强在田块尺度的保险投入水平,积极投保,提高风险管理水平,从而在农村基层形成"安全社区",有效降低冰雹灾害造成的产量损失和收入损失。

5.3.2 加强棉花保险的科技支撑

5.3.2.1 进一步开展更高类别分辨率、空间分辨率和精度的风险评估与费率厘定工作

在当前完成全国以县为基本空间单元、以棉花为承灾体、以雹灾单一灾种为致灾因子的费率厘定的基础上,进一步挖掘其他灾害类型的历史数据,构建棉花综合灾害风险评估模型,开展棉花因多灾种损失风险评估工作和费率厘定工作。相关工作要依据当前我国棉花保险实践,达到类别分辨率、空间分辨率和精算精度的相关要求。在空间分辨率上,风险评估以自然灾害系统的要素为基础,力争达到方里网水平。在精度上,必须加强原始数据的可靠性检验和灾害模型的可靠性控制,降低模型结果的不确定性,提高费率精度。

5.3.2.2 建立棉花保险快速估损、核损和理赔的信息支撑平台

依托目前较为先进的对地观测技术和地面观测网络，建立棉花雹灾的信息集成平台。将平台的实时信息进行输入，依据灾害系统理论与相关损失估计模型，实现大范围、高效、快速的冰雹灾害损失评估工作，为棉花雹灾险核损及理赔提供科学依据，提升效率、降低支出。

5.3.2.3 建立棉花保险业务数据采集规范与海量数据库

从当前开展棉花雹灾保险费率厘定工作的实际情况来看，数据限制仍然是一个瓶颈。在许多西方发达国家，保险业务数据不仅是保险费率精算的基本数据，也成为区域自然灾害风险评估的一项重要数据源。在我国，由于棉花保险业务开展的时间较短，没有形成相关保险业务数据采集规范，也缺乏详尽的理赔案例数据记录，许多发达国家使用的先进模型，在国内都难以得到应用，甚至连用于验证灾害模型精度的数据量都无法达到。着手建立相关的数据采集规范和海量数据库，显得非常必要，这可为费率精算、公司运营风险评估提供最基础的数据保障。

5.3.3 开发棉花雹灾指数保险产品

棉花雹灾发生后，农户的管理水平与棉花最终产量息息相关，不同农户之间灾后管理水平也存在着比较明显的差异。为了调动农户灾后补救的积极性，保险理赔工作应该与最终产量脱钩，只与雹灾强度指数有关。如今农户在灾后补救方面处在两难的地步，如果积极救灾，投入人力物力，最终产量超过一定水平，则得不到保险公司的赔偿或奖励，等同于灾害没有发生。如果不救，最终可以得到保险公司的赔偿，但赔偿额度有限，与补救后的收入相比较，要衡量孰大孰小，很难抉择。如苗期发生雹灾导致绝收，如果棉农毁种则得不到赔偿，如果不毁种，收获时可以得到成本赔偿。这样一来，土地等同于晾荒，造成土地资源的浪费。合理的做法是，农户参加了雹灾保险，实际发生了雹灾，保险公司即理赔，至于雹灾发生后，农户如何处理棉田，是否毁种，则与保险公司没有任何关系。因此，建议保险公司，改变经营思路，开展雹灾指数保险产品的开发。

指数保险（Index-based insurance）是区别于传统的基于损害赔付的保

险（Indemnity-based insurance）的一种创新型农业保险产品。其赔付触发的条件与具体赔付的额度均以保险合同中约定的指数为准，而不以具体保险标的所遭受的实际损失为准。因此，指数类产品在发展中国家，特别是农户数目众多、农业生产经营较为分散的国家而言，有着巨大的优势。开发合理的指数产品，将帮助棉花雹灾保险经营公司有效控制逆选择和道德风险，降低行政开支；有利于形成公正透明的保险运作过程，增强农民和保险公司之间的互信程度；有利于二级市场的形成，再保人的介入。最为重要的是，由于启赔标准和赔付额度与个体实际损失脱钩，在给定的合同条款下，指数产品将鼓励投保人积极地开展防灾减灾措施，从而实现前述的棉花保险的社会效益，避免了土地资源的浪费。为了减少雹灾赔付，保险公司在防雹作业方面也会积极的投入，以防冰雹灾害的发生。

从当前世界范围来看，指数产品发展迅速，已经投入业务运营的产品包括天气指数产品、区域产量指数产品、牲畜指数产品、NDVI（标准化植被指数）指数产品等。目前，在我国农业保险市场鲜有指数产品，而雹灾具有强度指数易于判断，受灾面积边界清晰的特点，开发棉花雹灾指数产品在我国具有广阔的市场空间和发展前景，有望成为一套新的棉花雹灾风险解决方案。

5.3.4 提高保障水平，激发农户投保的积极性

中国人民财产保险股份有限公司的棉花保险条款中规定，保险棉花的每亩保险金额参照保险棉花生长期内所发生的直接物化成本，包括：种子成本、化肥成本、农药成本、灌溉成本、机耕成本和地膜成本。保险责任包括暴雨、洪水（政府行蓄洪除外）、内涝；风灾、雹灾；冻灾。保险费率6%~7%。对于棉花这种作物来说，雹灾是其稳产的最大威胁，保险公司开展专门的棉花雹灾保险业务，有着很好的发展前景。

从保障水平看，只保种植成本的保障水平是比较低的，即使棉花绝收，农民获得的赔偿也有限，因此，农民参保积极性不高。一次重雹灾会造成棉农收入减少，有重返贫困的危险，建议保险公司提高保障水平，由现在的保成本提高至保产量，按照当地10年内的平均产量作为保障标准，以棉花受灾后的减产量和去年的棉花价格确定赔偿金额。采用填坑式，损失多少赔多少

的方式开展业务，即由过去的保产量改为现在的赔损失。这种方式使得农民易于理解保险条款，保障水平的提高会大大激发棉农投保的积极性；投保基数的扩大，也降低了保险公司的经营风险；棉农收入得到保障，也缓解了政府的压力；陪损失的理念可以达到多方共赢的效果。

另外，保险公司应做到理赔及时，目前，保险公司并不是在出险时当场定损，而是等到棉花最终收获时定损，定损周期长，从出险到收获的这段时期内，还会发生许多不可控因素，如最终产量包含了病虫害等其他灾害的不确定因素，缺乏科学性。对于雹灾来说，只要知道雹灾发生时所处的棉花生育期以及雹灾强度（雹灾强度用棉株受灾场景进行确定），根据棉花雹灾损失率表，即可实现当场确定损失率，及时理赔。及时理赔还可以促进农户在棉花受灾后补救的积极性，对国家棉花安全生产起到重要的作用。提高保障水平，及时理赔是实现棉花雹灾保险可持续发展的重要环节，应予以重视。

5.4 本章小结

本章根据雹灾案例数据，在棉花雹灾风险评价的基础上，以多年平均损失率为保险费率厘定的基础，通过计算多年雹灾损失序列的稳定系数，对多年平均损失率进行修正，从而计算出中国棉区各县的棉花雹灾保险纯费率，并绘制了中国棉花雹灾保险费率分布图。对我国棉区各县纯费率进行统计，统计结果表明全国大部分区县棉花雹灾保险费率值在0.03~0.1，占46.6%，大于0.20的区县较少，仅占2.9%。新疆阿克苏和博州地区、山西高原、环渤海地区、淮河下游流域、四川盆地北部和东部、云贵高原东北部是我国棉花雹灾高费率区。

在GIS技术的支持下，以各区县棉花雹灾保险纯费率值为主要指标，结合各县的自然条件，对全国棉区各县的雹灾保险纯费率进行分区，结果分为2个一级区，7个二级区，23个三级区。分区结果对政府防灾减灾，科学管理及保险公司的业务开展有重要的应用价值。

构建了"农户+政府+保险人"三方共赢的风险防范体系，提出政府职能的重点在于增加减灾规划和安全建设投入、加强保险承办机构的扶持力度、深化农村基层工作、加强农民的风险防范意识，提供保费补贴和灾后救济等几个方面；保险公司应运用先进的保险技术，形成棉花雹灾风险防范的市场力量，转变经营意识，实现价值提升；农户应形成棉花风险与农户收入风险防范的基层力量。此外，在加强棉花保险的科技支撑，开发创新性棉花保险产品及提高农户保障水平方面，提出了建议。

参考文献

陈立祥，1981. 甘肃人工防雹效果浅析[J]. 大气科学，5（2）：225-229.

陈述彭，岳天祥，励惠国，2000. 地学信息图谱研究及其应用[J]. 地理研究，19（4）：337-343.

陈燕，齐清文，杨桂山，2006. 地学信息图谱的基础理论探讨[J]. 地理科学，26（3）：306-310.

邓国，王昂生，李世奎，等，2001. 风险分析理论及方法在粮食生产中的应用初探[J]. 自然资源学报，16（3）：221-226.

邓国，王昂生，周玉淑，等，2002. 中国省级粮食产量的风险区划研究[J]. 南京气象学院学报，25（3）：373-379.

丁继新，2006. 区域泥石流灾害的定量风险分析[J]. 岩土力学，27（7）：1072-1077.

丁少群，1997. 农作物保险费率厘订问题的探讨[J]. 西北农业大学学报，25（S1）：103-107.

丁少群，2009. 我国农业保险的发展需要风险区划[J]. 财税金融（9）：91-92.

丁少群，庹国柱，1994. 农作物保险的费率分区研究[J]. 保险研究（4）：21-24.

丁少群，庹国柱，1994. 农作物保险的危险单位区划研究[J]. 中国保险管理干部学院学报，37（6）：24-29.

丁锡强，2008. 山东省招远市冰雹灾害统计分析[J]. 河北农业科学，12（8）：105-106.

董安祥，张强，2004. 中国冰雹研究的新进展和主要科学问题[J]. 干旱气象，22（3）：68-76.

冯佩芝，1985. 中国主要气象灾害分析[M]. 北京：气象出版社.

冯佩芝，李翠金，李小泉，等，1985. 中国气象灾害分析（1950—1980）[M]. 北京：气象出版社.

符琳，李维京，张培群，等，2011. 近50年我国冰雹年代际变化及北方冰雹趋势的成因分析[J]. 气象，37（6）：669-676.

高庆华，马宗晋，张业成，等，2006. 自然灾害评估[M]. 北京：气象出版社.

葛全胜，2008. 中国自然灾害风险综合评估初步研究[M]. 北京：科学出版社.

宫清华，2009. 基于GIS技术的广东省洪涝灾害风险区划[J]. 自然灾害学报，18（1）：58-63.

龚亚丽，张红方，肖潇，2009. 3S支持下的锡林郭勒盟旱灾救助区划研究[J]. 灾害学，24（2）：123-127.

顾庭敏，宫德文，沈建柱，等，1980. 山东省旱涝气候区划[J]. 地理学报，35（3）：232-240.

郭虎，2008. 北京市奥运期间气象灾害风险承受与控制能力分析[J]. 气象，34（2）：77-82.

郭江勇，2005. 对西北地区冰雹影响因子的探讨[J]. 灾害学，20（1）：40-44.

郭迎春，闫宜玲，王卫，等，1998. 农业自然风险评估及区域农业保险费率的确定方法[J]. 应用气象学报，9（2）：231-238.

国家科委全国重大自然灾害综合研究组，1994. 中国重大自然灾害及减灾对策（总论）[M]. 北京：科学出版社.

国家民政部规划财务司，1996—2008. 民政事业发展统计报告[R]. 中华人民共和国民政部.

韩根夫，1999. 河北冰雹灾害的特征分析[J]. 灾害学，14（2）：43-46.

贺一梅，2002. 云南省金沙江流域风雹灾害区划研究[J]. 山地学报，22（2）：69-73.

洪延超，1999. 冰雹形成机制和催化防雹机制研究[J]. 气象学报，57（1）：30-44.

扈海波，2008. 北京奥运期间冰雹灾害风险评估[J]. 气象，34（12）：84-89.

黄崇福，刘新立，周国贤，等，1998. 以历史灾情资料为依据的农业自然灾害风险评估方法[J]. 自然灾害学报，7（2）：1-9.

黄达，刘宏儒，张肖，1990. 中国金融百科全书[M]. 北京：经济管理出版社.

黄美元，1978. 关于我国人工防雹效果的统计分析[J]. 大气科学，2（2）：125-131.

黄美元，2000. 中国人工防雹四十年[J]. 气候与环境研究（53）：318-328.

霍治国，李世奎，王素艳，2003. 主要农业气象灾害风险评估技术及其应用研究[J]. 自然资源学报，18（6）：693-695.

贾慧聪，2010. 中国玉米旱灾风险评价[D]. 北京：北京师范大学.

贾慧聪，王静爱，潘东华，等，2011. 基于EPIC模型的黄淮海夏玉米旱灾风险评价[J]. 地理学报，66（5）：643-652.

江命友，史培军，程梓华，等，1993. 湖南省自然灾害系统与保险减灾对策[M]. 北京：海洋出版社.

蒋丽君，2008. 保险基础[M]. 北京：机械工业出版社.

郎书文，2007. 春玉米雹灾模拟试验研究[J]. 北京农业（10）：6-8.

雷雨顺，吴宝俊，吴正华，1978. 冰雹概论[M]. 北京：科学出版社.

李炳元，李钜章，王建军，1996. 中国自然灾害的区域组合规律[J]. 地理学报，51（1）：1-11.

李存山，1993. 棉花种植雹灾保险研究[M]. 北京：海洋出版社.

李大华，1992. 关于我国地震烈度区划的发展[J]. 自然灾害学报，1（2）：70-79.

李娜，2005. 国外洪水风险图制作比较及对我国洪水风险图制作的建议[J]. 水利发展研究（6）：28-31.

李娜，霍治国，2010. 华南地区香蕉、荔枝寒害的气候风险区划[J]. 应用生态学报，21（5）：1244-1251.

李世奎，霍治国，王道龙，等，1999. 中国农业气象灾害风险评价与对策[M]. 北京：气象出版社.

李新运，1993. 鲁西北棉花雹灾损失监测信息系统研究[J]. 自然灾害学报，2（3）：47-52.

李玉林，1991. 江西省冰雹与时空分析[J]. 灾害学，1（6）：51-55.

梁来存，2010. 我国粮食作物保险风险区划的实证研究[J]. 山西财经大学学报（1）：65-71.

梁轶，王景红，邸永强，等，2015. 陕西苹果果区冰雹灾害分布特征及风险区划[J]. 灾害学，30（1）：135-140.

林纾，2006. 西北地区初夏冰雹及其环流背景气候特征[J]. 气象科技，34

（4）：400-404.

刘浩，魏军，等，2020. 1644—1948年间河北地区雹灾的时空特征分布及分析[J]. 湖北农业科学，59（9）：54-59.

刘丽，代宏霞，2004. 中国自然灾害保险风险度综合评判与区划[J]. 山地学报，22（4）：477-482.

刘全根，1982. 人工防雹的野外试验[J]. 高原气象，1（3）：83-94.

刘全根，汤懋仓，1966. 中国降雹的气候特征[J]. 地理学报，32（1）：48-65.

刘荣花，2008. 河南省冬小麦干旱风险分析与评估技术研究[D]. 南京：南京信息工程大学.

刘志明，2004. 冰雹灾害的卫星遥感监测方法初探[J]. 气象，30（9）：50-53.

罗培，2005. 基于GIS的地质灾害风险评估信息系统探讨——以重庆市为例[J]. 灾害学，20（4）：57-61.

罗培，2007. GIS支持下的气象灾害风险评估模型——以重庆地区冰雹灾害为例[J]. 自然灾害学报，16（1）：38-44.

农村灾害保险技术研究中心，北京师范大学资源与环境科学系自然灾害研究室，1993. 北京师范大学中国人民保险公司农村灾害保险技术研究中心年报（1992—1993）[M]. 北京：海洋出版社.

潘耀忠，史培军，1998. 区域自然灾害系统基本单元研究（Ⅲ）——湖南省自然灾害灾情区划研究[J]. 北京师范大学学报（自然科学版），34（3）：421-426.

齐清文，池天河，2001. 地学信息图谱的理论与方法[J]. 地理学报，56（增刊）：8-18.

山义昌，1998. 冬小麦风雹灾害的等级划分与灾情评估[J]. 气象，24（2）：49-51.

盛绍学，霍治国，石磊，2010. 江淮地区小麦涝渍灾害风险评估与区划[J]. 生态学杂志，29（5）：985-990.

石勇，许世远，石纯，等，2009. 洪水灾害脆弱性研究进展[J]. 地理科学进展，28（1）：41-46.

史培军，1996. 再论灾害研究的理论与实践[J]. 自然灾害学报，5（4）：6-17.

史培军，2002. 三论灾害研究的理论与实践[J]. 自然灾害学报，11（3）：1-9.

史培军, 2003. 中国自然灾害系统图集[M]. 北京: 科学出版社.

史培军, 2005. 四论灾害研究的理论与实践[J]. 自然灾害学报, 14 (6): 1-7.

史培军, 2009. 五论灾害研究的理论与实践[J]. 自然灾害学报, 18 (5): 1-9.

史培军, 胡涛, 王静爱, 等, 1992. 内蒙古自然灾害系统研究[M]. 北京: 海洋出版社.

孙旭映, 2008. 地理因子对冰雹形成的影响[J]. 干旱区研究, 25 (3): 452-456.

孙艺桃, 周贺玲, 等, 2013. 冀中廊坊市冰雹天气气候特征及风险区划[J]. 中国人口·资源与环境, 23 (5): 174-176.

陶夏新, 1990. 我国新的地震区划编图和中国地震烈度区划图 (1990) [J]. 自然灾害学报, 1 (1): 99-109.

庹国柱, 丁少群, 1994. 论农作物保险区划及其理论依据——农作物保险区划研究之一[J]. 陕西财经学院学报, 73 (3): 64-69.

庹国柱, 丁少群, 1994. 农作物保险风险分区和费率分区问题的探讨[J]. 中国农村经济 (8): 43-47.

庹国柱, 李军, 2005. 农业保险[M]. 北京: 中国人民大学出版社.

万艳霞, 2004. 棉花子叶期雹灾后不同类型棉株生长差异的研究[J]. 中国棉花, 31 (10): 12-13.

王昂生, 1990. 冰雹灾害及人工防雹研究[J]. 地球科学进展 (3): 63-67.

王春乙, 郑昌玲, 2007. 农业气象灾害影响评估和防御技术研究进展[J]. 气象研究与应用, 28 (1): 1-6.

王季薇, 王俊, 叶涛, 等, 2016. 区域种植业自然灾害保险综合区划研究——以湖南省晚稻为例[J]. 自然灾害学报, 25 (3): 1-10.

王瑾, 2008. 基于GIS的贵州省冰雹分布与地形因子关系分析[J]. 应用气象学报, 19 (5): 627-634.

王劲峰, 1993. 中国自然灾害影响评价方法研究[M]. 北京: 中国科学技术出版社.

王劲峰, 1995. 中国自然灾害区划——灾害区划、影响评价、减灾对策[M]. 北京: 中国科学技术出版社.

王静爱, 1999. 中国1990~1996年冰雹灾害及其时空动态分析[J]. 自然灾害学报，8（3）：46-53.

王静爱，史培军，王平，1996. 1949—1990年中国自然灾害时空分异研究[J]. 自然灾害学报，5（1）：1-7.

王静爱，史培军，王平，等，2006. 中国自然灾害时空格局[M]. 北京：科学出版社.

王静爱，史培军，朱骊，1994. 中国主要自然致灾因子的区域分异[J]. 地理学报，49（1）：18-26.

王静爱，史培军，朱骊，1995. 中国自然灾害数据库的建立与应用[J]. 北京师范大学学报（自然科学版），31（1）：121-126.

王兰，1991. 农业金融名词词语汇释[M]. 北京：中国金融出版社.

王明友，2000. 雹灾后棉花氮素吸收规律研究[J]. 土壤肥料（2）：35-36.

王平，1999. 中国农业自然灾害综合区划研究的理论与实践[D]. 北京：北京师范大学.

王平，2001. 农业自然灾害风险区划[J]. 地学前缘，8（4）：349-350.

王秋香，2006. 51a新疆雹灾损失的时空分布特征[J]. 干旱区地理，29（1）：68-69.

王汝正，王正新，1993. 模糊聚类分析在区域自然灾害区划中的应用——以四川省为例[J]. 灾害学，8（1）：7-12.

王素艳，霍治国，李世奎，等，2005. 北方冬小麦干旱灾损风险区划[J]. 作物学报，31（3）：267-274.

王文宇，王静爱，2001. 基于三种信息源的中国冰雹灾害区域分异研究[J]. 地理研究，20（3）：380-387.

王瑛，王静爱，吴文斌，等，2002. 中国农业雹灾灾情及其季节分区[J]. 自然灾害学报，11（4）：30-36.

王志强，2008. 基于自然脆弱性评价的中国小麦旱灾风险研究[D]. 北京：北京师范大学.

魏义长，王纪军，张芳，2010. 经验正交函数与地统计相结合分析降水时空变异[J]. 灌溉排水学报，29（4）：105-109.

温克刚，2008. 中国气象灾害大典[R]. 北京：气象出版社.

吴宝俊，1999. 当代中国的自然灾害[M]. 北京：当代中国出版社.

肖子牛，2008. 中国气象灾害年鉴（2008）[R]. 北京：气象出版社.

谢应齐，杨子生，1995. 云南省农业自然灾害区划指标之探讨[J]. 自然灾害学报，4（3）：52-59.

邢鹂，2004. 中国种植业生产风险与政策性农业保险研究[D]. 南京：南京农业大学.

邢鹂，赵乐，吕开宇，2008. 北京市农业生产风险和保险区划研究[M]. 北京：中国农业出版社.

邢鹂，钟甫宁，2006. 粮食生产与风险区划研究[J]. 农业技术经济（1）：19-23.

徐桂玉，杨修群，2002. 中国南方冰雹气候特征的三维EOF分析[J]. 热带气象学报，18（4）：383-389.

徐良炎，1988. 一九八七年我国的冰雹灾害[J]. 灾害学，4（4）：49-53.

许焕斌，1988. 二维冰雹云数值模式[J]. 气象学报，46（2）：227-236.

薛昌颖，霍治国，李世奎，等，2003. 华北北部冬小麦干旱和产量灾损的风险评估[J]. 自然灾害学报，12（1）：131-139.

杨媛媛，2004. 冰雹灾害对不同棉花品种（系）生长发育及产量的影响[J]. 新疆农业科学，41（6）：402-406.

游泳，周毅，杨小怡，等，2003. 利用经验正交函数方法（EOF）浅析中国夏季降水时空分布特征[J]. 四川气象，23（3）：22-23.

于海娇，牟青洋，战宁，等，2021. 浙江省农房自然灾害保险费率厘定研究[J]. 灾害学，36（4）：67-73.

张菡，刘晓璐，房鹏，2016. 四川烤烟主产区冰雹灾害风险评估[J]. 气象科技，44（3）：468-473.

张核真，2007. 西藏冰雹的时空分布特征及危险性区划[J]. 气象科技，35（1）：53-56.

张鸿发，1995. 断层与冰雹灾害的相关分析[J]. 高原气象，14（2）：154-157.

张继权，李宁，2007. 主要气象灾害风险评价与管理的数量化方法及其应用[J]. 北京：北京师范大学出版社.

张继权，赵万智，多多纳裕一，2006. 综合自然灾害风险管理——全面整合的模式与中国的战略选择[J]. 自然灾害学报，15（1）：29-37.

张继权，赵万智，冈田宪夫，等，2004. 综合灾害风险管理的理论、对策与途径[J]. 应用基础与工程科学学报, 14（增刊）：263-271.

张杰, 2004. 西北地区东部冰雹云的卫星光谱特征和遥感监测模型[J]. 高原气象, 23（67）：743-748.

张兰生, 1992. 中国自然灾害地图集[M]. 北京：科学出版社.

张兰生, 史培军, 王静爱, 等, 1995. 中国自然灾害区划（英）[J]. 北京师范大学学报（自然科学版）, 31（3）：415-421.

张丕远, 王风慧, 姜鸿, 等, 1992. 我国主要自然灾害的地理分布规律及区域减灾对策的探讨[J]. 中国自然灾害灾情分析与减灾对策[M]. 武汉：湖北科学技术出版社.

张琪, 张继权, 等, 2010. 干旱对辽宁省玉米产量影响及风险区划[J]. 灾害学, 25（2）：87-91.

张强, 2005. 中国西北冰雹研究[M]. 北京：气象出版社.

张养才, 1991. 中国农业气象灾害概论[M]. 北京：气象出版社.

章国材, 2010. 气象灾害风险评估与区划方法[M]. 北京：气象出版社.

赵阿兴, 马宗晋, 1993. 自然灾害损失评估指标体系的研究[J]. 自然灾害学报, 2（3）：1-7.

赵济, 1999. 中国自然地理[M]. 3版. 北京：高等教育出版社.

赵金涛, 王静爱, 尹圆圆, 等, 2010. 中国棉花不同生育期冰雹灾害风险评价[C]//中国灾害防御协会风险分析专业委员会第四届年会论文集, 13：80-86.

中国21世纪议程——中国21世纪人口、环境与发展白皮书[M]. 北京：中国环境科学出版社, 1994.

中国地学大事典编委会, 1992. 中国地学大事典[M]. 济南：山东科学技术出版社.

中国科学院自然区划工作委员会, 1959. 中国气候区划（初稿）[M]. 北京：科学出版社.

中国农业科学院棉花研究所, 1983. 中国棉花栽培学[M]. 上海：上海科学技术出版社.

中国农业科学院棉花研究所, 2019. 中国棉花栽培学[M]. 上海：上海科学技术出版社.

中国气象局, 2008. 中国气象灾害年鉴[R]. 北京：气象出版社.

中华人民共和国统计局, 2007. 中国农业统计年鉴[R]. 北京：中国统计出版社.

钟甫宁，宁满秀，邢鹂，2007. 我国政策性种植业保险制度的可行性研究[M]. 北京：经济管理出版社.

朱自玺，刘荣花，方文松，2003. 华北地区冬小麦干旱评估指标研究[J]. 自然灾害学报，12（1）：145-151.

邹进上，王梅华，张薇，1987. 中国暴雨区划初步研究[J]. 地理学报，42（2）：151-164.

邹雨伽，张玉芳，代昕鹭，等，2020. 四川省错季草莓生产区冰雹灾害分布及风险区划[J]. 湖北农业科学，59（2）：49-54.

CANNON B P T, DAVIS I, WISNER B, 1994. At risk：natural hazards，people's vulnerability disasters[M]. London：Routledge.

CARRARA A, CARDINALI M, DETTI R, et al., 1991. GIS techniques and statistical models in evaluating landslide hazard[J]. Earth Surface Processes and Landforms, 16（5）：427-445.

CHUNG C F, FABBRI A G, VAN WESTEN C J, 1995. Multivariate regression analysis for landslide hazard zonation[A] // CARRARA A, GUZZETTI F. Geographical Information Systems in Assessing Natural Hazards[M]. Academic Publishers.

DAVID M M, 1990. Neighbor-based properties of some orderings of two-dimensional space[M]. Geographical Analysis, 22（2）：145-157.

FOTHERINGHAM A S, Densham P J, CURTIS A, 1995. The zone definition problem in location—allocation modeling[J]. Geographical Analysis, 27（1）：60-77.

GEOFF W, 1996. Hazard identification and risk assessment[J]. Institute of Chemical Engineers.

HIROSHI S, 1980. On the Characteristics of Hail Size Distribution Related to Crop Damage[J]. Journal of Agricultural Meteorology, 36（2）：81-88.

HOHL R, SCHIESSER H, ALLER D, 2002. Hailfall：the relationship between radar-derived hail kinetic energy and hail damage to buildings[J]. Atmospheric Research, 63：177-207.

HOHL R, SCHIESSER H, KNEPPER I, 2002. The use of weather radars to estimate hail damage to automobiles: an exploratory study in Switzerland[J]. Atmospheric Research, 61: 215-238.

HOYT L, 1942. Hail in American Agriculture[J]. Economic Geography, 18 (4): 363-378.

KHANDURI A C, MORROW G C, 2003. Vulnerability of buildings to windstorms and insurance loss estimation[J]. Journal of Wind Engineering and Industrial Aerodynamics, 91: 455-467.

LEIGH R, KUHNEL I, 2001. Hailstorm Loss Modelling and Risk Assessment in the Sydney Region, Australia[J]. Natural Hazards, 24: 171-185.

LOUIS P R, 1942. Indications of Hail Resistance among Varieties of Winter Wheat[J]. Transactions of the Kansas Academy of Science, 45: 129-137.

MARK E T H, 1995. Solution techniques for large regional partitioning problems[J]. Geographical Analysis, 27 (3): 230-248.

MARK F, 2005. Multi-risk assessment of spatially relevant hazards in Europe[C]. 11-13 October 2005. ESMG Symposium. Nürnberg, Germany.

MARK T J T, CEES J V W, 1995. Deterministic modeling in GIS-based landslide hazard assessment[A] // CARRARA A, GUZZETTI F. Geographical Information Systems in Assessing Natural Hazards[M]. Dordrecht: Kluwer Academic Publishers.

MCMASTER H, 2001. Hailstorm Risk Assessment in Rural New South Wales[J]. Natural Hazards, 24: 187-196.

MICHALIS S, 2009. Hail frequency, distribution and intensity in Northern Greece[J]. Atmospheric Research, 93: 526-533.

ROLANDO R, GARCIA B E, ALLAN H MURPHY, 1990. Relationships Between Crop Damage and Hailfall Parameters on the High Plains[J]. Atmospheric Research, 25 (6): 559-582.

SMITH C W, VARVIL J J, 1981. Recoverability of Cotton Following Simulated Hail Damage[M]. Published in Agron J, 73: 597-600.

SMITH D I, 2000. Flood damage estimation-A review of urban stage-damage curves and loss functions[J]. Water SA, 20: 231-238.

SMYTH T J, 1999. Observations of oblate hail using dual polarization radar and implications for hail-detection schemes[J]. Quarterly Journal-Royal Meteorological Society, 25: 993-1016.

UNITED NATIONS DEPARTMENT OF HUMANITARIAN AFFAIRS, 1991. Mitigating Natural Disasters: Phenomena, Effects and options-A Manual for PolicyMakers and Planners[R]. New York: United Nations.

WANG J F, WISE S, HAINING R, 1997. An integrated regionalization of earthquake, flood, and drought hazards in China[J]. Transaction in GIS, 2 (1): 25-44.

YAMOAH C F, WALTERS D T, SHAPIRO C A, 2000. Standardized precipitation index and nitrogen rate effects on crop yields and risk distribution in maize[J]. Agriculture, Ecosystems and Environment, 80: 113-120.

YIN Y Y, WANG J A, ZHAO J T, 2009. Risk assessment of hail disaster based on cars in China[J]. Natural Disaster Reduction in China, 1: 19-27.

ZHAO J T, WANG J A, LEI Y D, et al., 2011. Risk Assessment and Regionalization of Natural Disaster of Corn in China Based on GIS[C]. The 19th International Conference on Geoinformatics Shanghai China. IEEE Geoscience and Remote Sensing Society (GRSS).

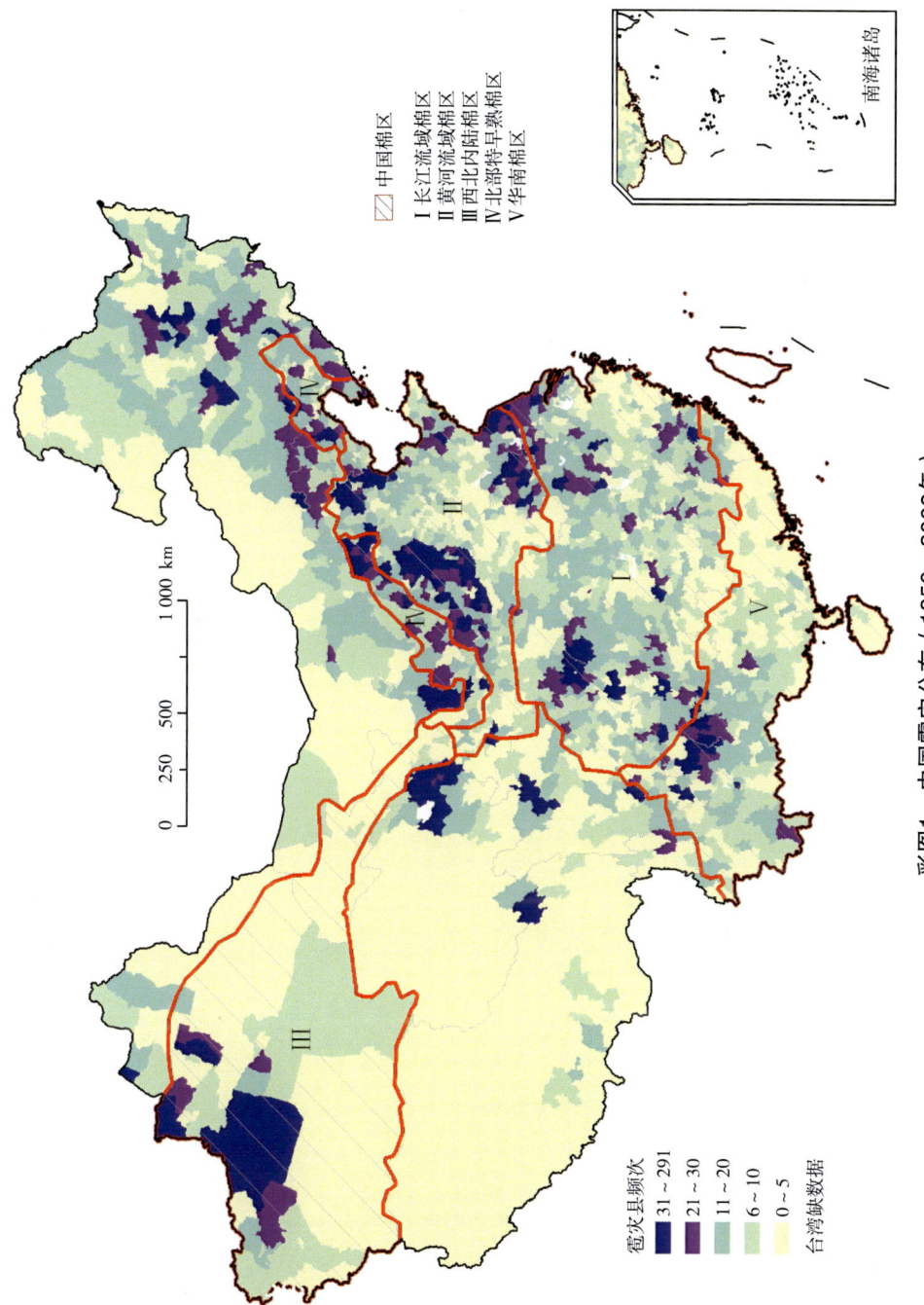

彩图1 中国雹灾分布（1950—2009年）

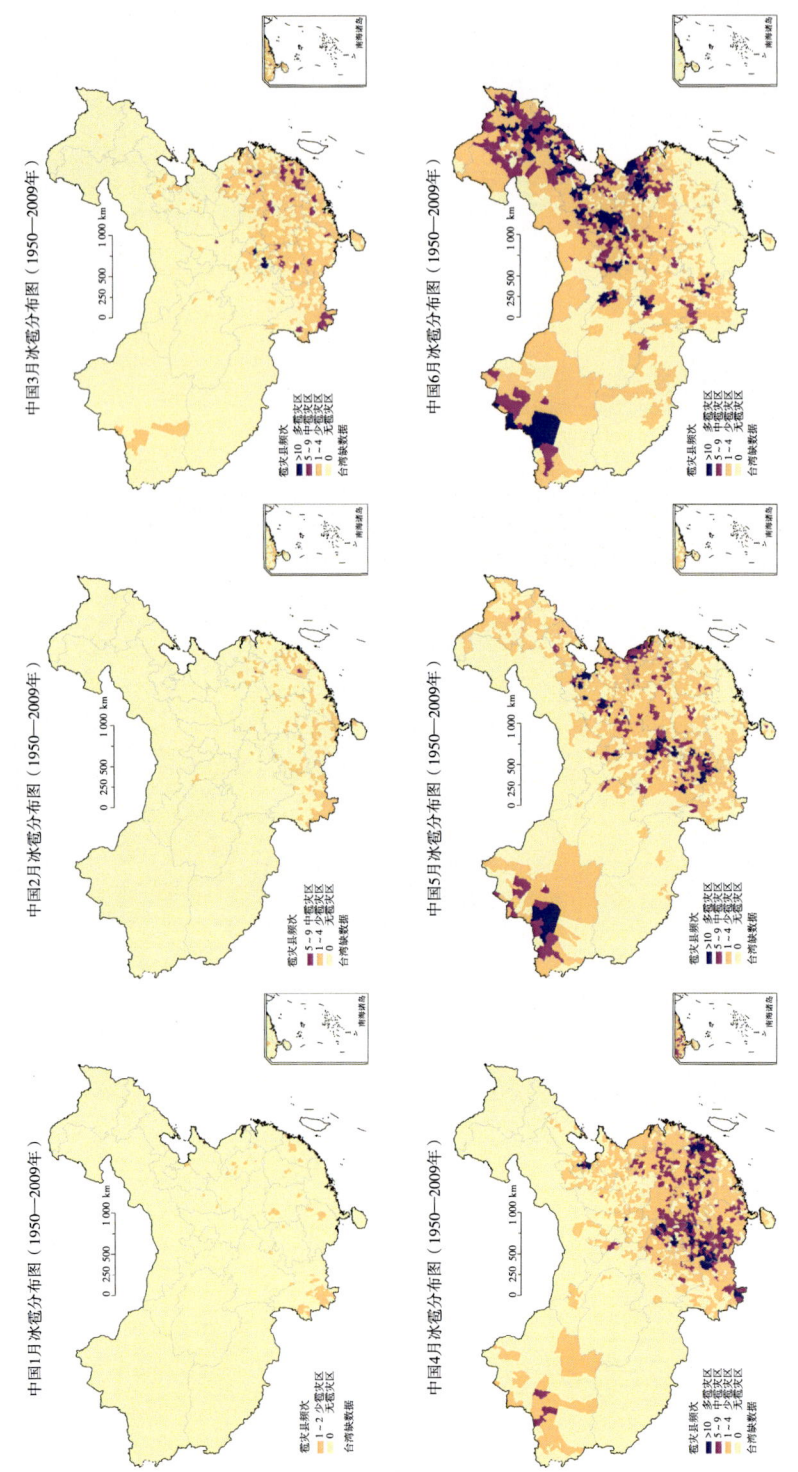

彩图2 中国各月雹灾空间分布图谱

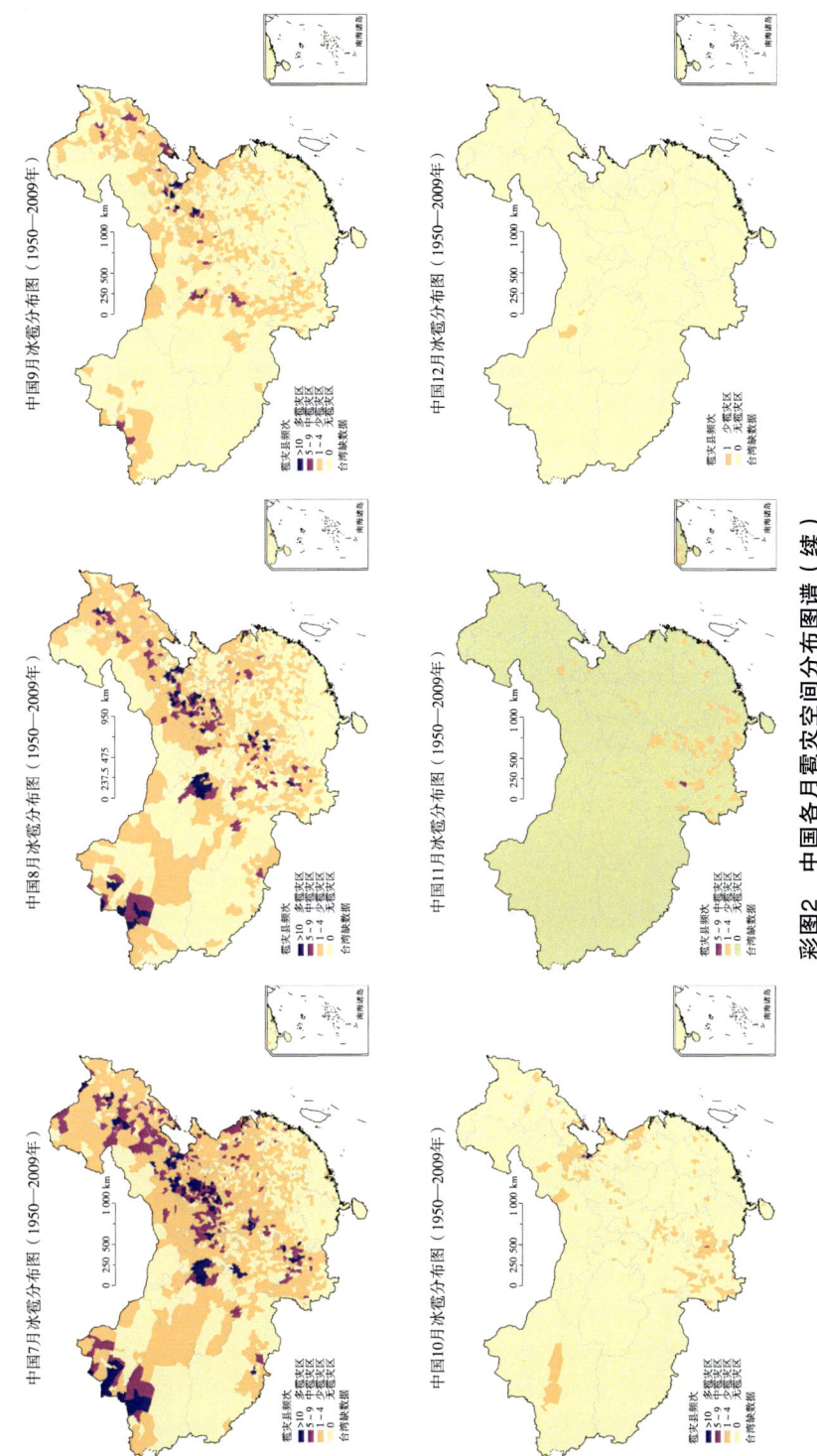

彩图2 中国各月雹灾空间分布图谱（续）

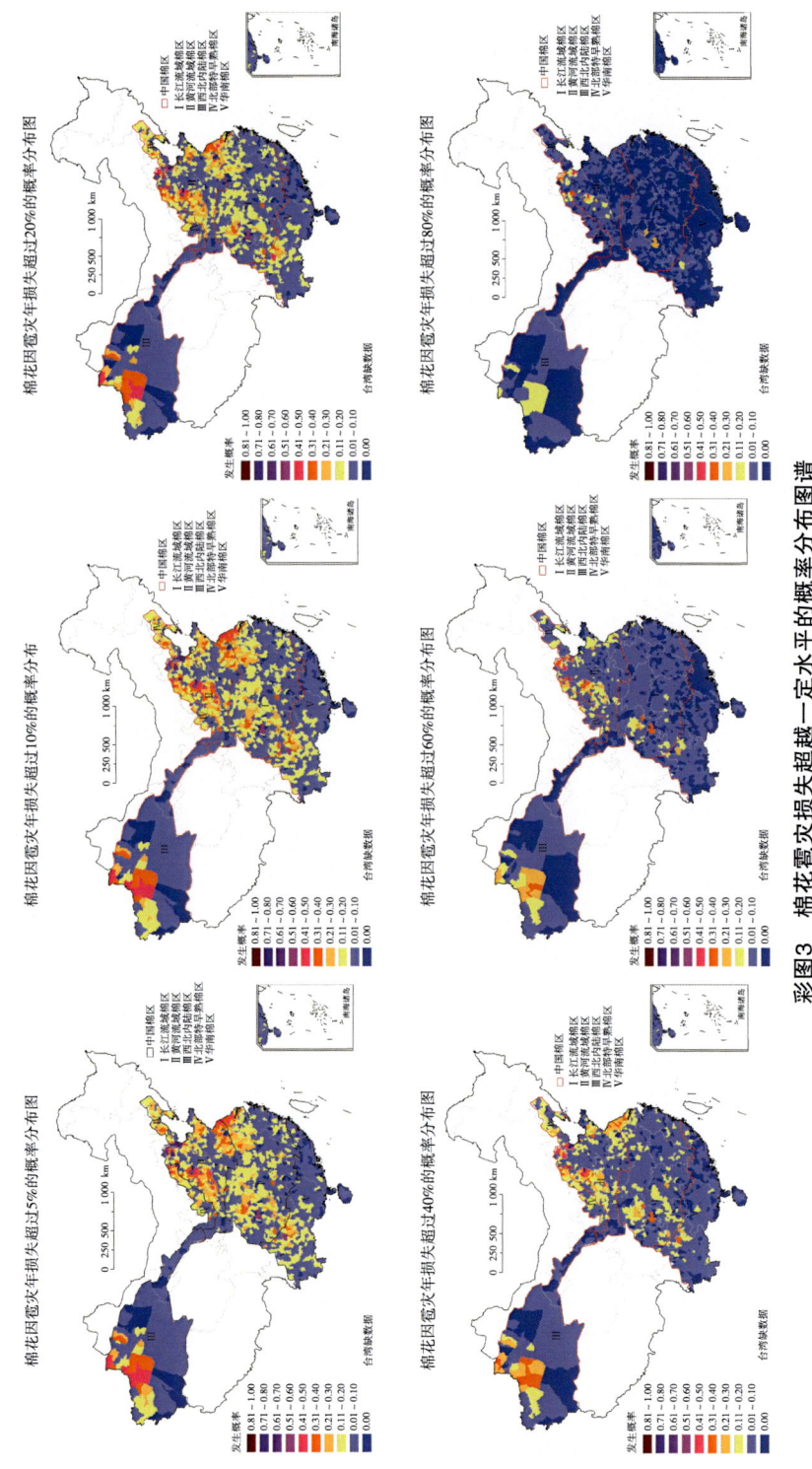

彩图3 棉花雹灾损失超过一定水平的概率分布图谱

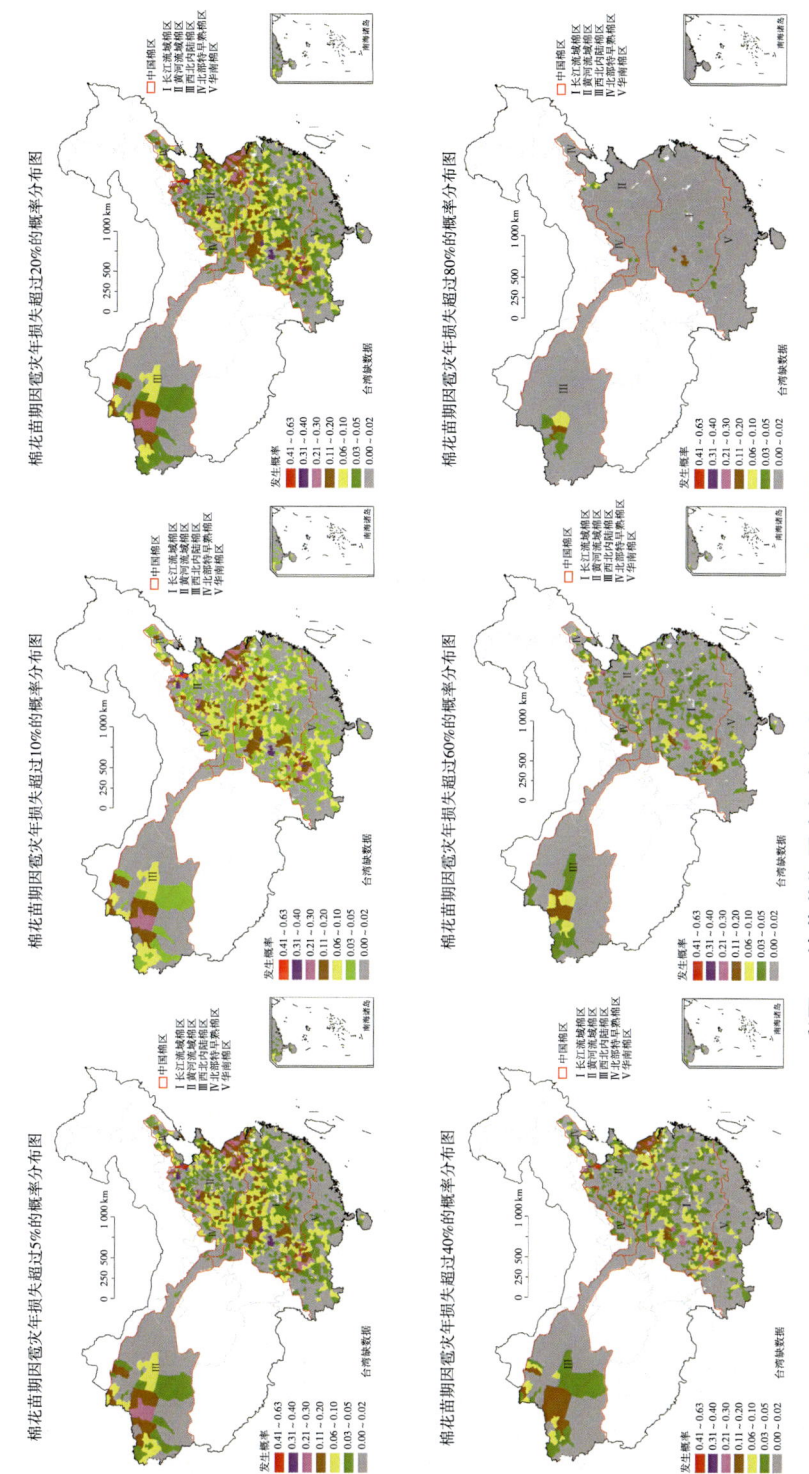

彩图4 棉花苗期雹灾损失超越一定水平的概率分布图谱

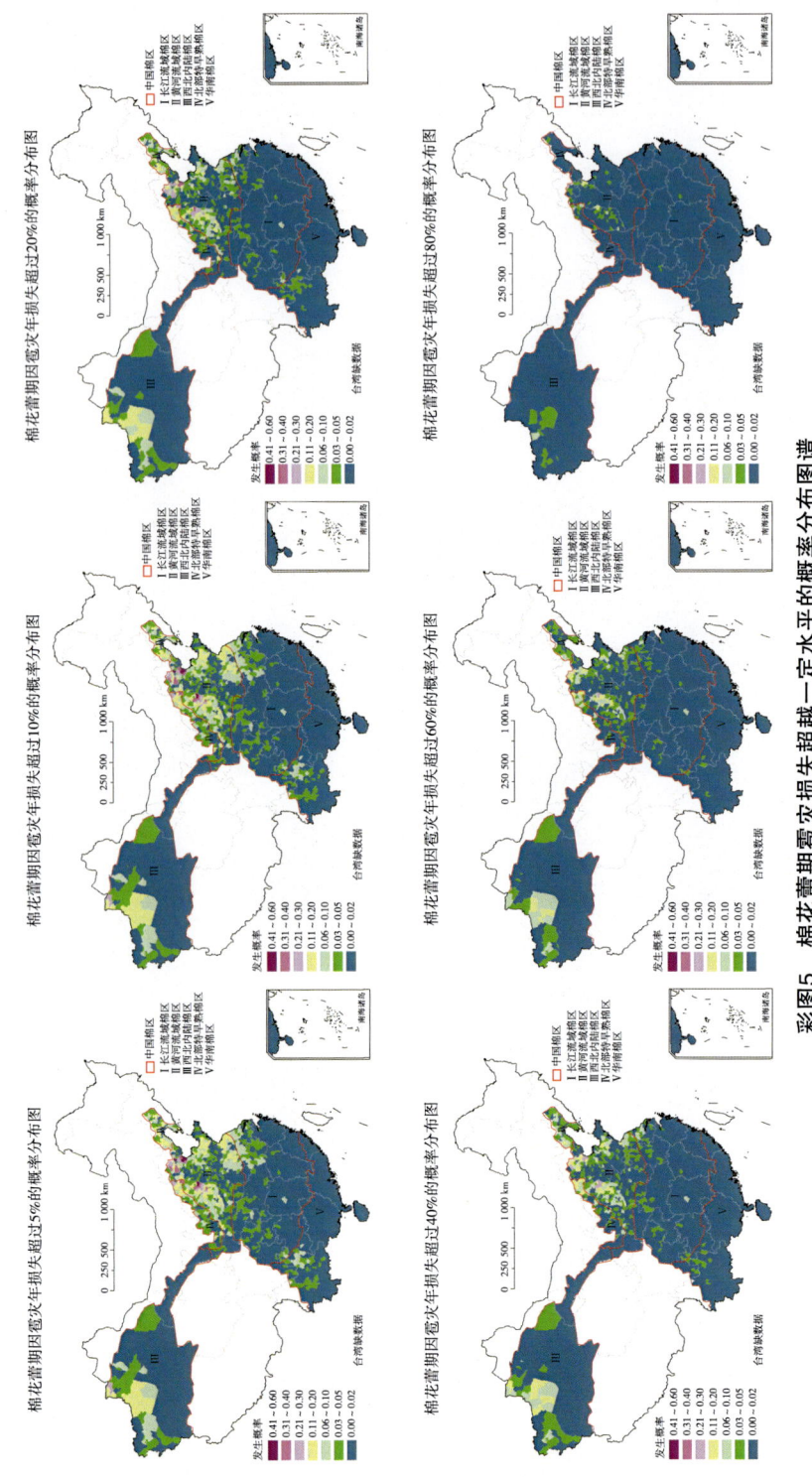

彩图5 棉花蕾期雹灾损失超越一定水平的概率分布图谱

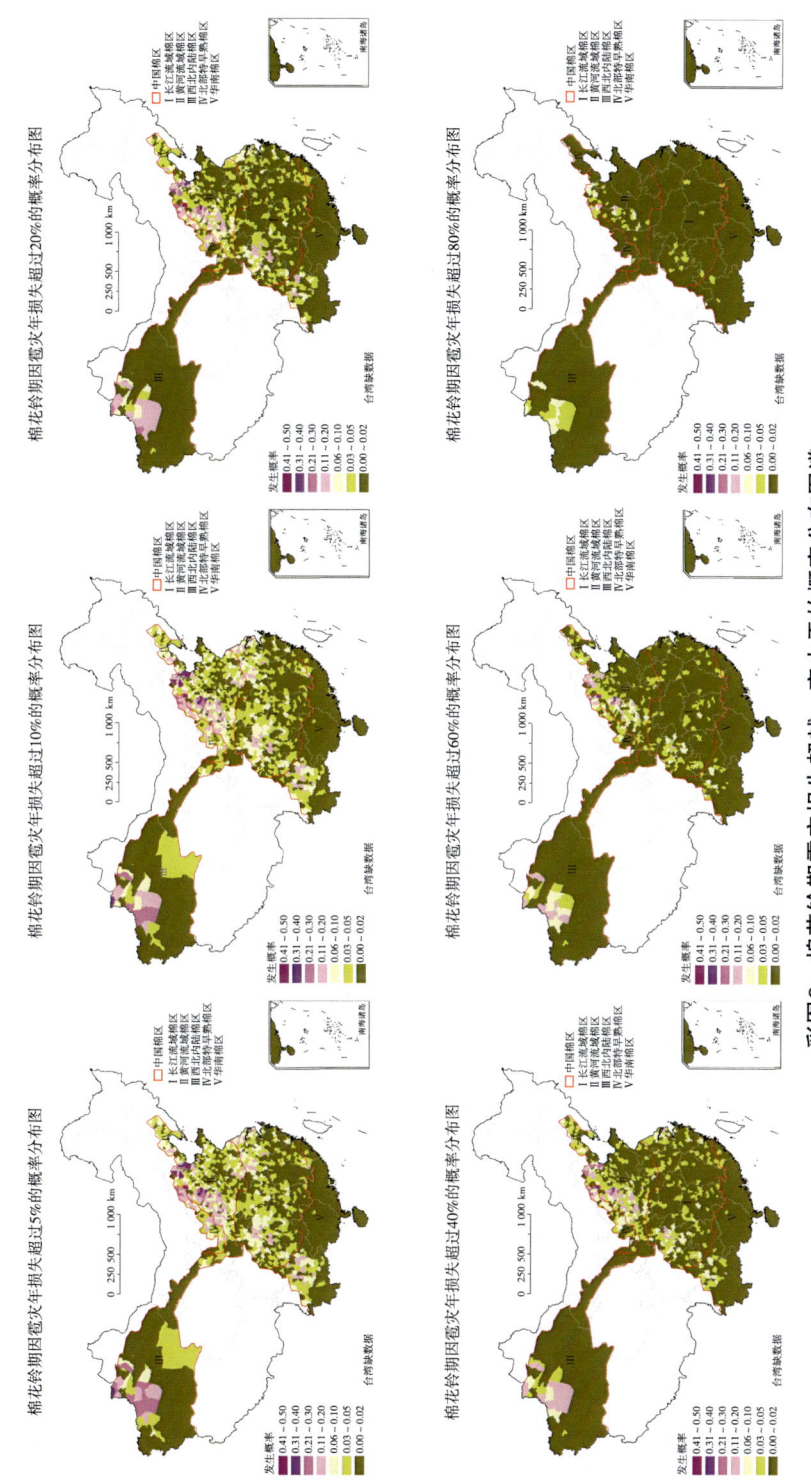

彩图6 棉花铃期雹灾损失超越一定水平的概率分布图谱

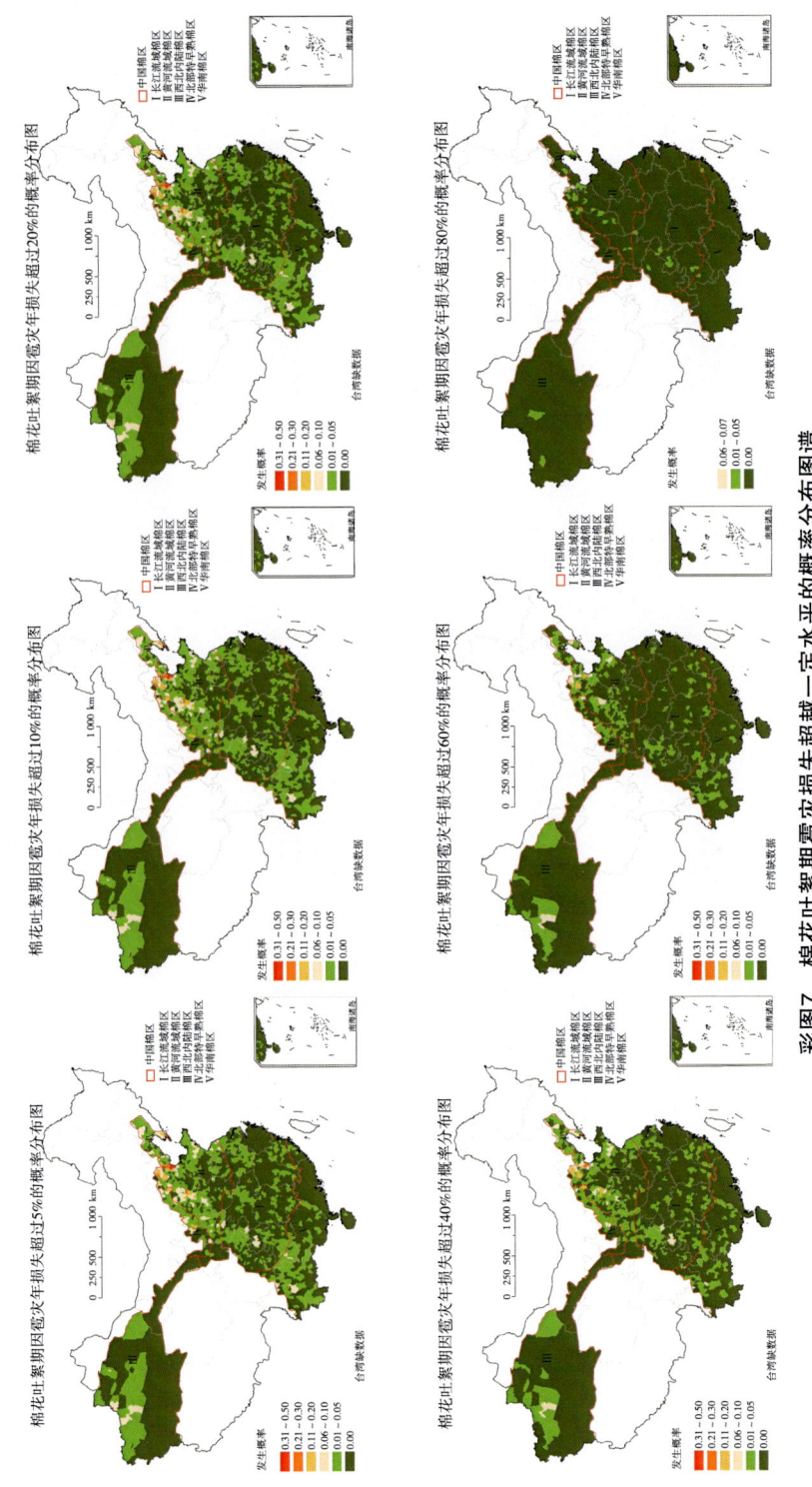

彩图7 棉花吐絮期雹灾损失超越一定水平的概率分布图谱

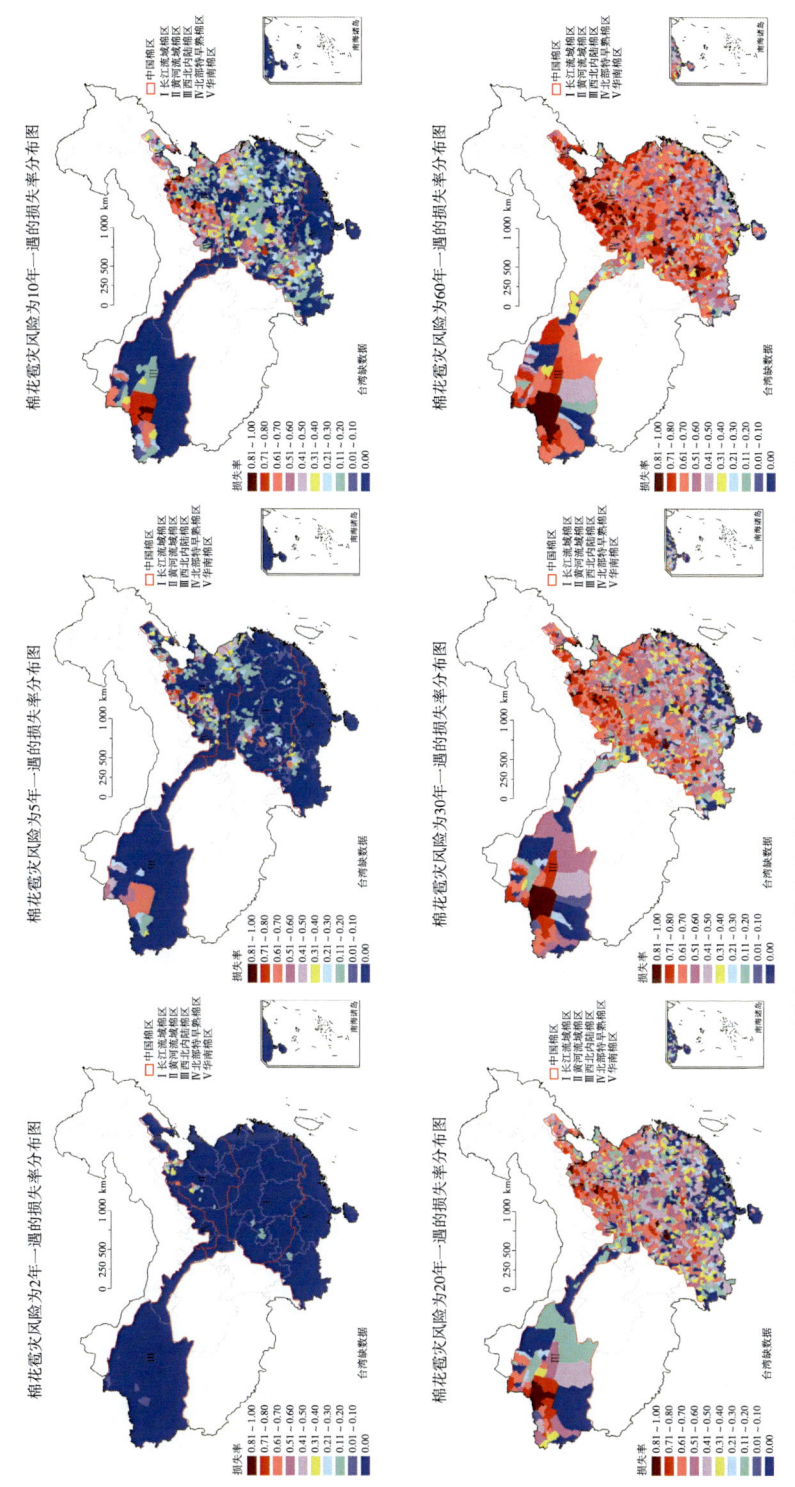

彩图8 棉花全生育期不同年遇型雹灾损失率分布图谱

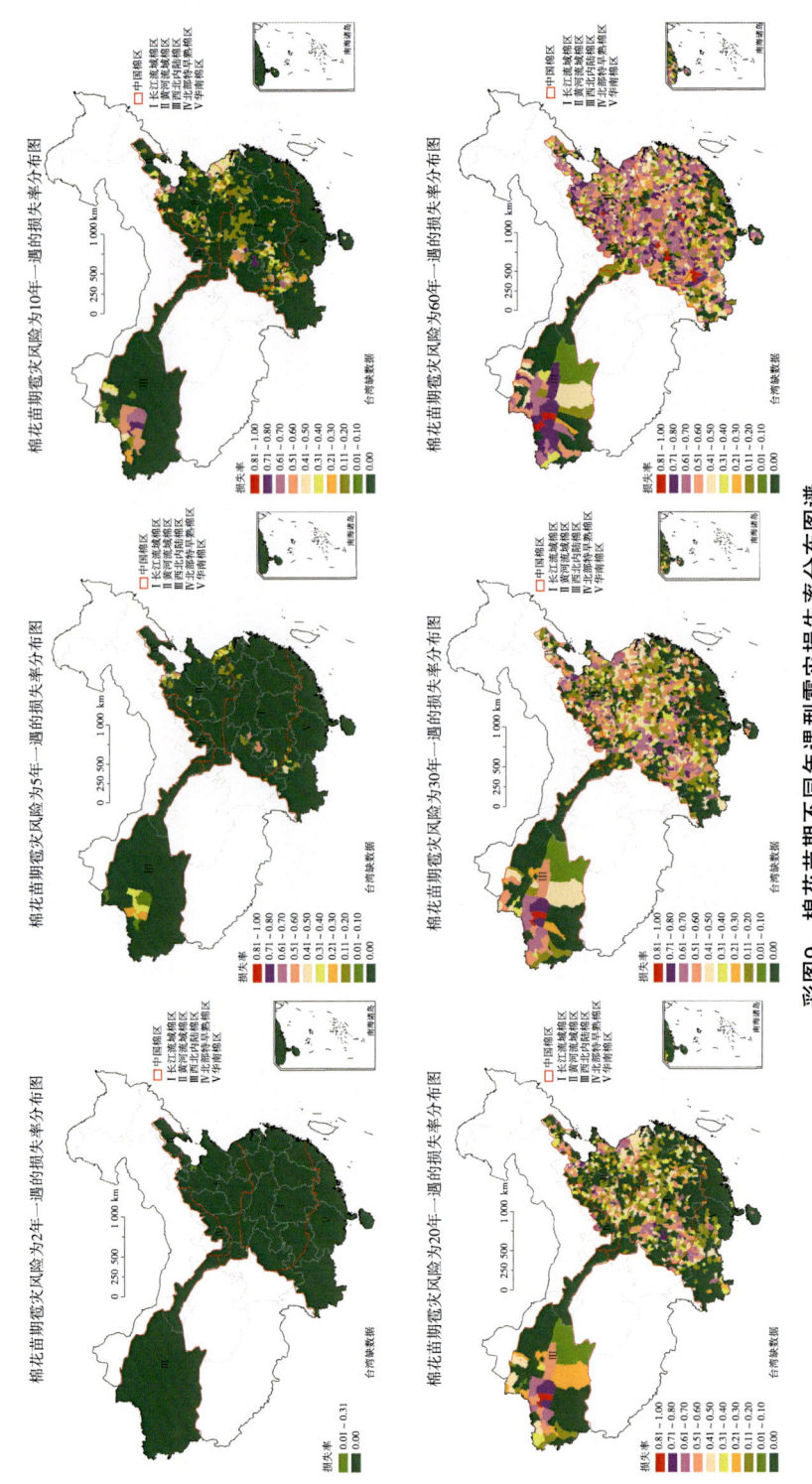

彩图9 棉花苗期不同年遇型雹灾损失率分布图谱

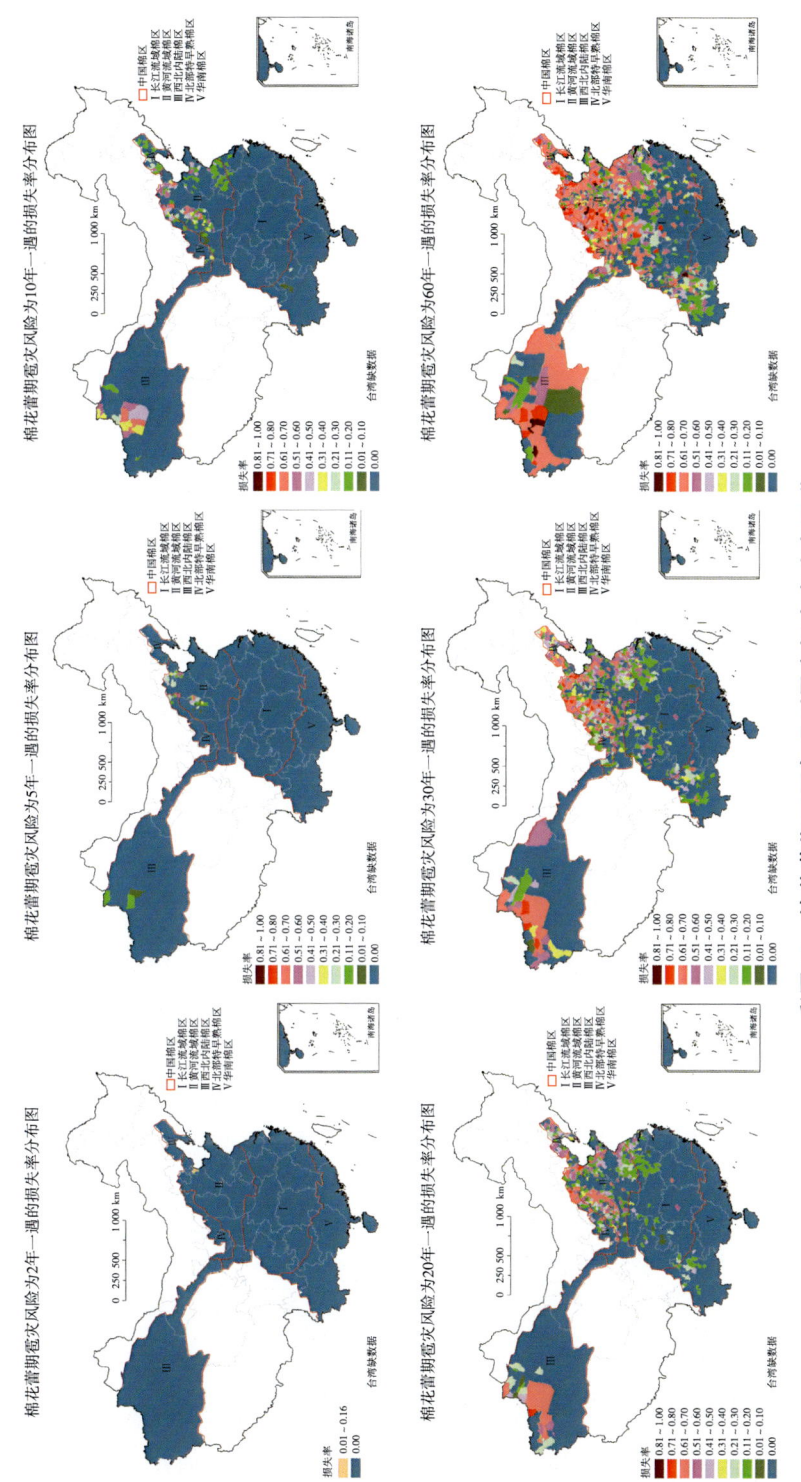

彩图10 棉花蕾期不同年遇型雹灾损失率分布图谱

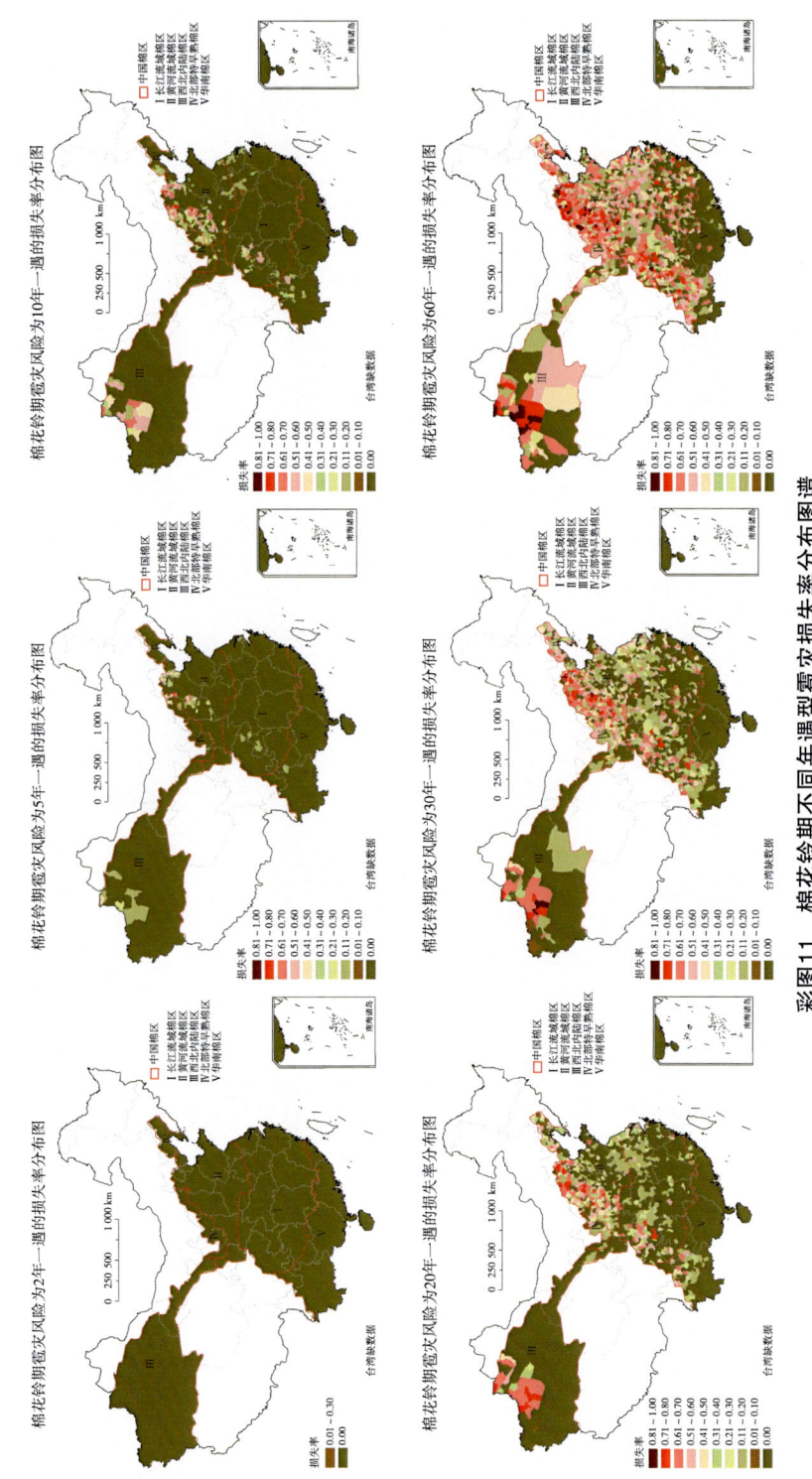

彩图11 棉花铃期不同年遇型雹灾损失率分布图谱

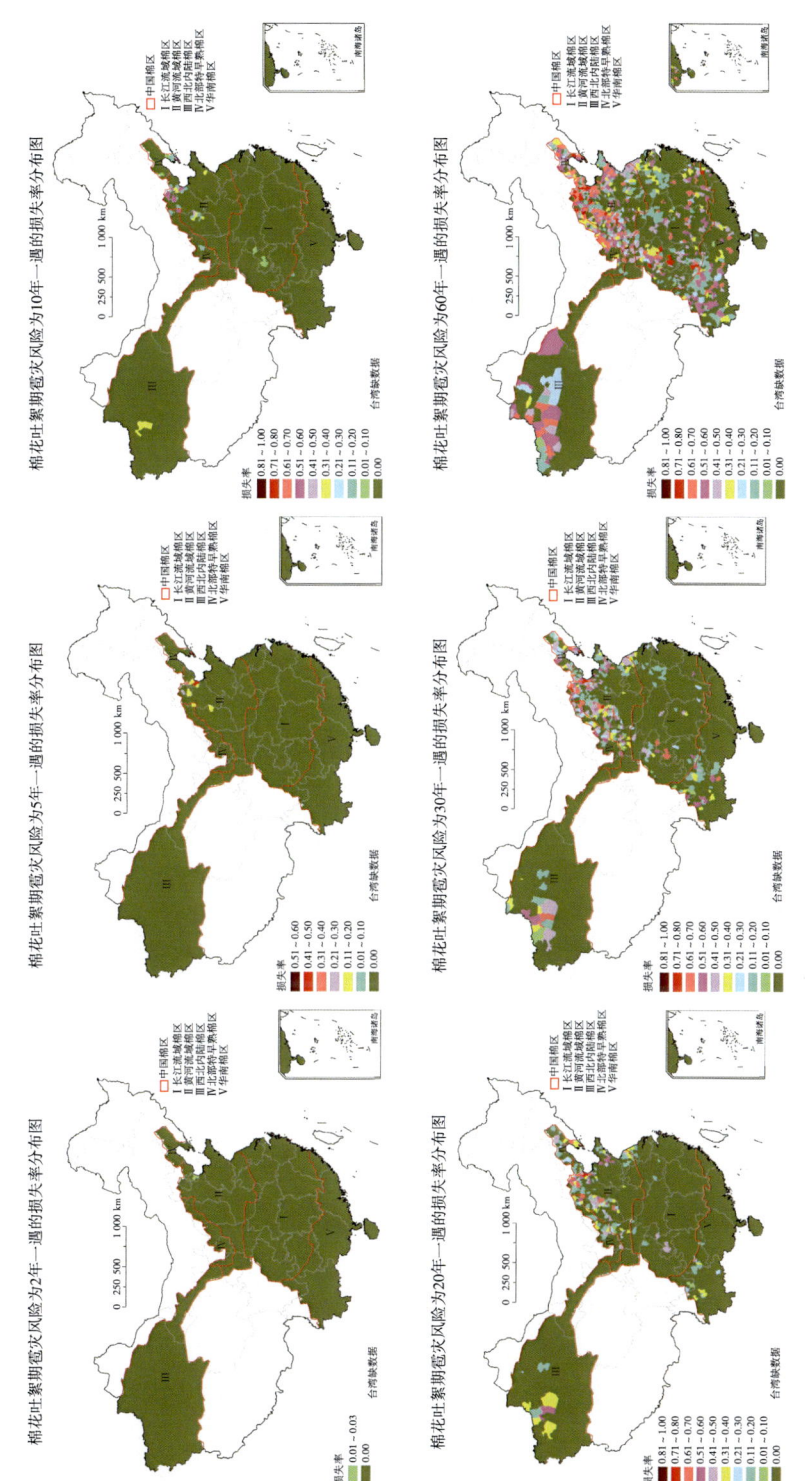

彩图12 棉花吐絮期不同年遇型雹灾损失率分布图谱

中国棉花雹灾风险评价与保险费率分区研究

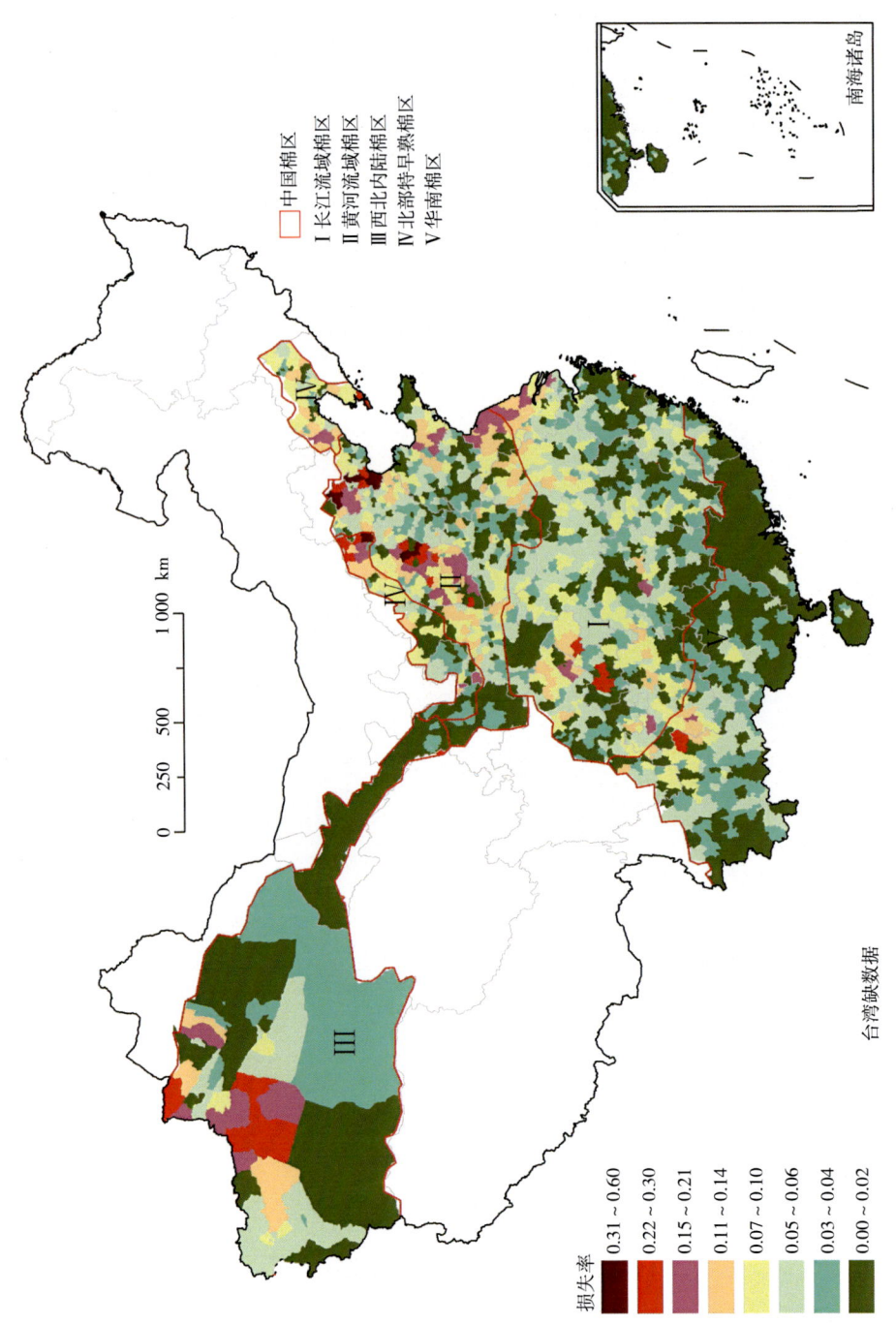

彩图13 中国棉花雹灾多年平均损失率分布

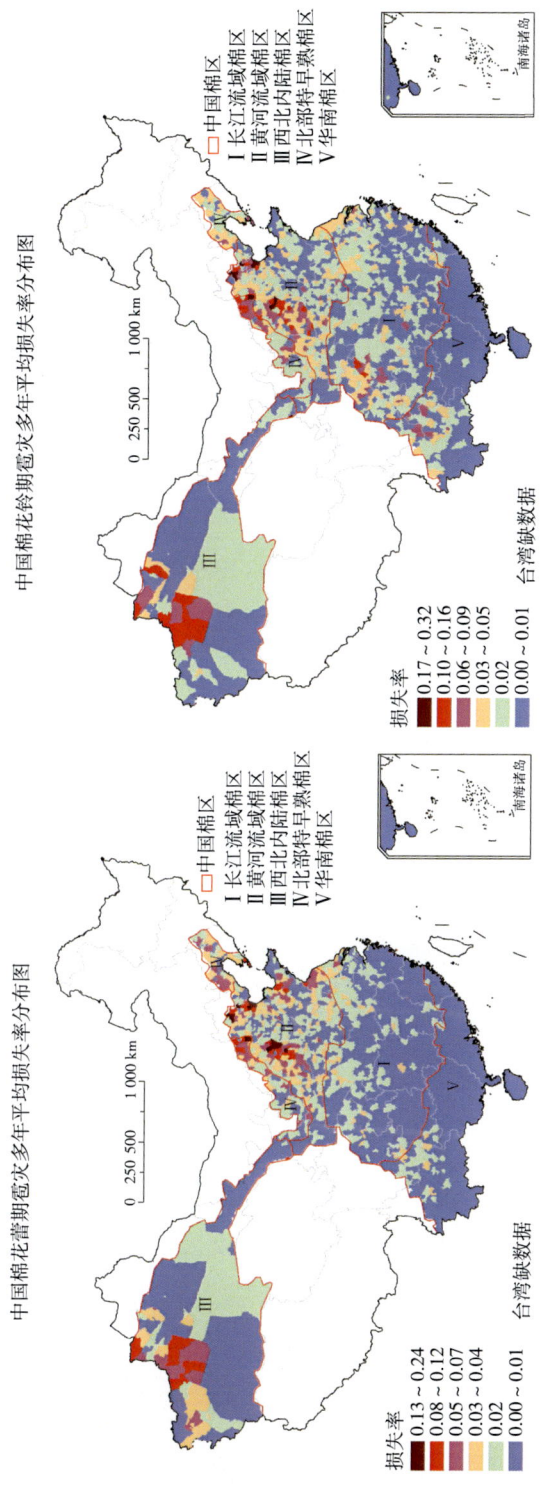

彩图14 中国分生育期棉花雹灾多年平均损失率分布图谱

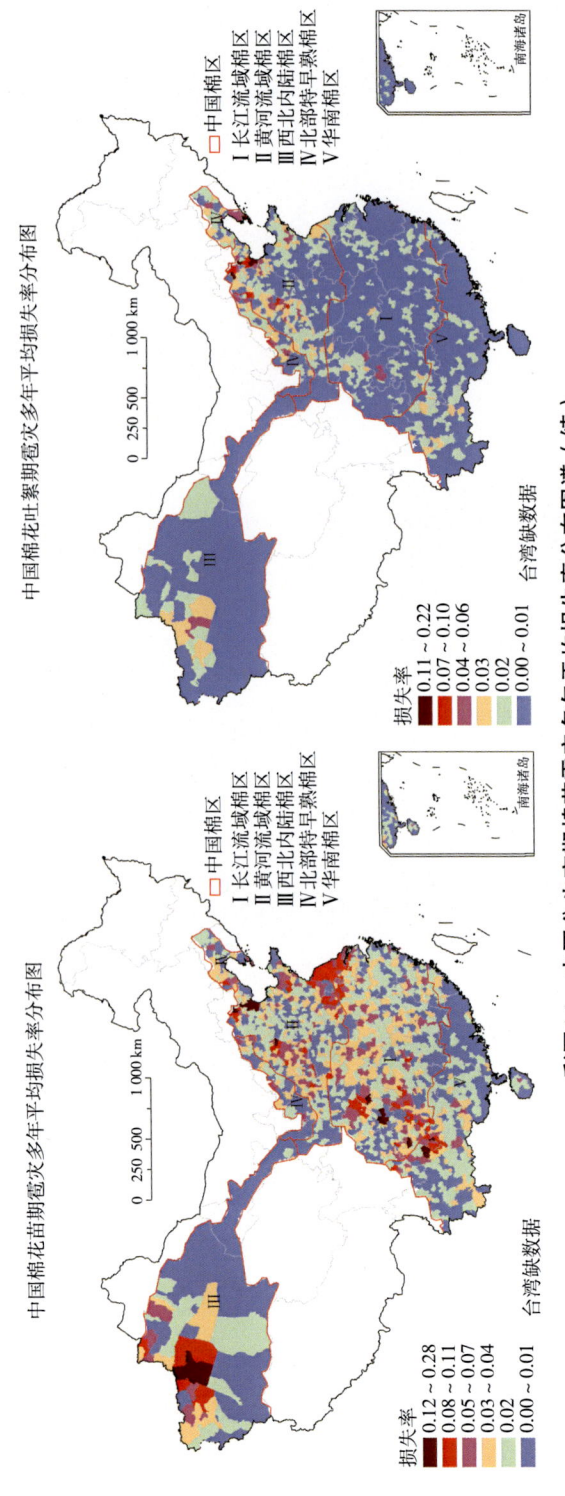

彩图14 中国分生育期棉花雹灾多年平均损失率分布图谱（续）

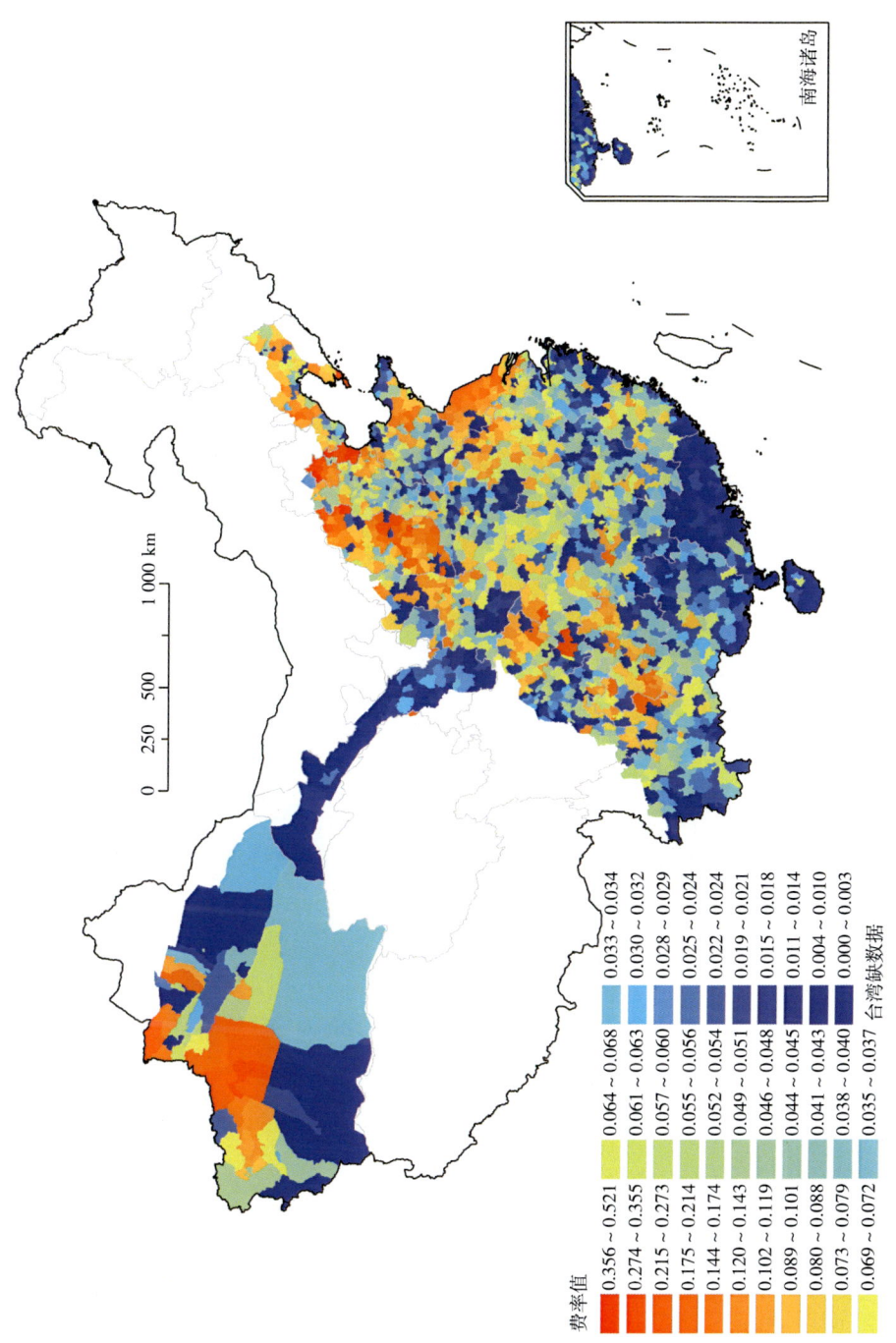

彩图15 中国棉花雹灾保险费率分布

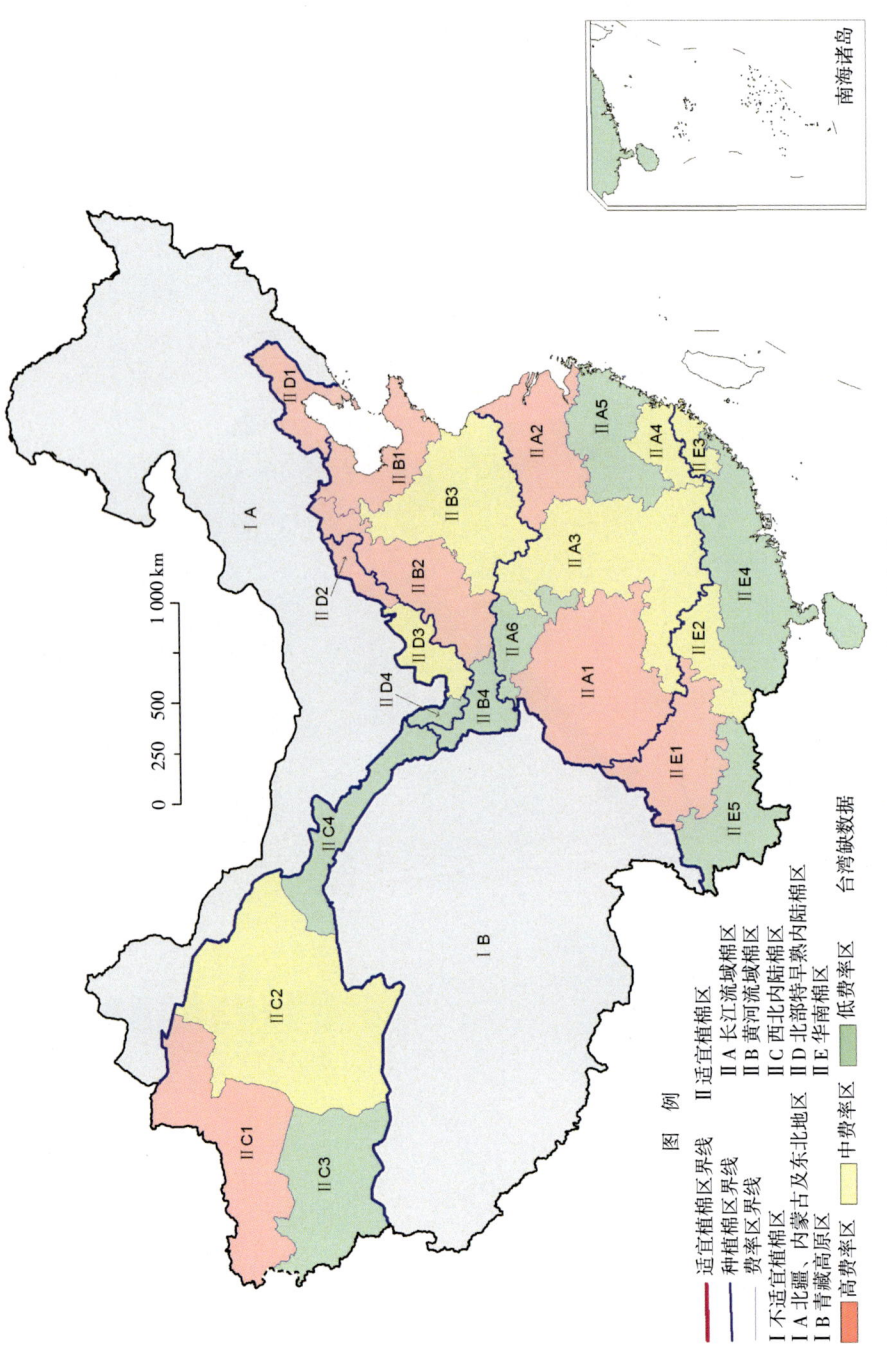

彩图16 中国棉花雹灾保险费率分区

附图　自然雹灾观测和人工控制试验

河北黄骅雹灾野外观测

棉花苗期受雹灾之前生长情况

雹灾过后留下的雹坑

苗期遭受特重雹灾场景

苗期遭受重雹灾场景

苗期遭受中雹灾场景

苗期遭受轻雹灾场景

采集受灾数据

农户雹灾调查

保险公司雹灾调查

死亡棉株

采集灾后恢复数据

记录数据

无雹灾对照组

收获情况

人工控制雹灾试验

冰球制作

运送冰球

冰雹发射器

试验操作

蕾期模拟雹灾场景

试验后观测